U0227994

Stable Diffusion–ComfyUI

AI AI绘画 工作流
解析

内 容 简 介

本书从零开始，详尽系统地讲解从本地部署ComfyUI、下载安装自定义节点，到搭建各种工作流程的全过程。同时，辅以3D形象转绘、艺术二维码和证件照生成等实用案例，帮助读者快速掌握全新的AI绘图技术。

为了让读者更快、更好地学会ComfyUI，本书提供了全程语音讲解视频和所有案例的工作流文件，并且在网盘中提供了常用自定义节点的全套模型下载和安装方法，帮助读者解决学习和使用ComfyUI过程中有可能遇到的各种问题。

本书适合广大AI绘图爱好者、设计师、原画师、插画师、电商美工等专业人士阅读，同时也可以作为AI、美术、设计等培训机构和相关院校的参考教材。

图书在版编目（CIP）数据

Stable Diffusion-ComfyUI AI绘画工作流解析 / 王岩，赵馨璐编著. -- 北京：清华大学出版社，2024. 9.
ISBN 978-7-302-67192-3

Ⅰ. TP391. 413

中国国家版本馆CIP数据核字第20243LV904号

责任编辑：赵　军
封面设计：王　翔
责任校对：闫秀华
责任印制：杨　艳

出版发行：清华大学出版社
　　　　　网　　址：https://www.tup.com.cn，https://www.wqxuetang.com
　　　　　地　　址：北京清华大学学研大厦A座　　　　　邮　　编：100084
　　　　　社 总 机：010-83470000　　　　　　　　　　邮　　购：010-62786544
　　　　　投稿与读者服务：010-62776969，c-service@tup.tsinghua.edu.cn
　　　　　质量反馈：010-62772015，zhiliang@tup.tsinghua.edu.cn
印 装 者：小森印刷（北京）有限公司
经　　销：全国新华书店
开　　本：185mm×235mm　　　　印　　张：14.5　　　　字　　数：348千字
版　　次：2024年9月第1版　　　　　　　　　　　　　印　　次：2024年9月第1次印刷
定　　价：89.00元

产品编号：107445-01

前　言　PREFACE

　　我们平时使用各种软件工具时，通常都是与软件的交互界面打交道。虽然ComfyUI只是Stable Diffusion众多界面中的一种，但从未有哪个界面能像ComfyUI这样彻底改变一个工具的操作方式和工作流程。

　　ComfyUI最大的特点是把稳定扩散算法的运行过程拆分成各个节点。这种节点式的设计思路并不是什么新鲜概念，在Maya、Fusion Studio、DaVinci Resolve等软件中都有类似的功能模块。大部分节点式工具主要是为了避免同类素材叠加后的质量损失，或者更方便地归类素材和整理思路。然而，当节点式设计遇到稳定扩散算法时，却碰撞出了全新的火花。ComfyUI的工作流可以精准定制，生成的结果能可靠复现，使得很多以前只能停留在想法层面的功能得以实现。

　　WebUI就像是一列火车，各种功能和插件以车厢的方式挂载到一起。而ComfyUI则像一个零件仓库：需要拉人时就组装一辆客车，需要拉货时就组装一辆货车，每项任务都可以定制，使用最少的组件和资源达到目的。更重要的是，大多数工作流可以像无人驾驶那样全自动运行，只需输入提示词或上传一张图片，就能得到想要的生成结果。

　　当然，ComfyUI要比WebUI多出一道组装工序。如果对Stable Diffusion的运行原理不够了解，或对各种自定义节点的功能不够熟悉，就很难理解和驾驭复杂的流程，这也是很多新用户望而却步的主要原因。此时，可靠复现功能就发挥了重要作用。在ComfyUI中，只需拖入工作流文件或一张生成的图片，就能还原所有节点体系和设置参数。这个功能不仅可以大幅提高工作效率、轻松复现生成结果，还意味着我们可以通过"抄作业"的方式调用别人创建的工作流。网络上有数以万计的工作流资源，这些资源既是最好的学习资料，也是最方便的成品仓库。即使完全不懂这些工作流是如何运作的，也不妨碍我们直接使用它们来完成自己的工作。

本书提供了工程文件和参考练习图，读者可通过微信扫描下面的二维码来下载。如果在学习本书的过程中遇到问题或有疑问，可发送邮件至booksaga@126.com，邮件主题为"Stable Diffusion-ComfyUI AI绘画工作流解析"。

工程文件

参考练习图

总之，ComfyUI是那种让人第一眼想放弃、但使用一段时间后却完全离不开的界面。如果你对AI绘画感兴趣，想深入发掘Stable Diffusion的更大潜力，或希望将AI绘图成为自己未来工作和生活中的得力助手，那么请翻开本书的第一页，让我们从头开始，一起迈入ComfyUI的世界。

编者

2024年6月

目　录　CONTENTS

ComfyUI 基础入门

Stable
Diffusion-ComfyUI
AI 绘画工作流解析

自从 Stable Diffusion 开源发布以来，已经陆续出现了 WebUI、ForgeUI、ComfyUI 和 SwarmUI 等图形界面。尽管这些界面中运行的都是 Stable Diffusion，但在设计理念、操作方式和适用的用户群体等方面存在显著的差异。本章将首先介绍目前最受欢迎的几款 Stable Diffusion 界面的特点，然后详细讲解 ComfyUI 的基础操作，为后续学习打下基础。

▨ 1.1 常用 Stable Diffusion 界面的优缺点

▮1 WebUI

我们在计算机上使用各种软件时，通常与软件的界面打交道，很少关心这些软件的实现原理以及底层代码如何运作。然而，Stability AI 公司起初只发布了 Stable Diffusion 的代码，甚至没有提供任何交互界面。普通用户下载这些代码后只能望洋兴叹。直到开源社区中的一位 ID 为 Automatic1111 的用户把模型代码打包成图形界面，我们才能通过命令和选项的方式指挥 Stable Diffusion 生成图片。因为这个图形界面在网页浏览器中运行，所以被称作 WebUI。同时，Automatic1111 这个 ID 也成了 WebUI 的代名词。在 ComfyUI 中经常可以看到名称为 Automatic1111 或 1111 的选项，这些选项基本上都代表着兼容 WebUI 的运行机制。

因为没有选择的余地，所以 Stable Diffusion 的早期用户都是从 WebUI 开始接触 AI 绘图的。WebUI 采用了常规软件的界面布局和控件类型，虽然初看略显简陋，但胜在直观明了，而且符合大多数人的操作习惯，如图 1-1 所示。

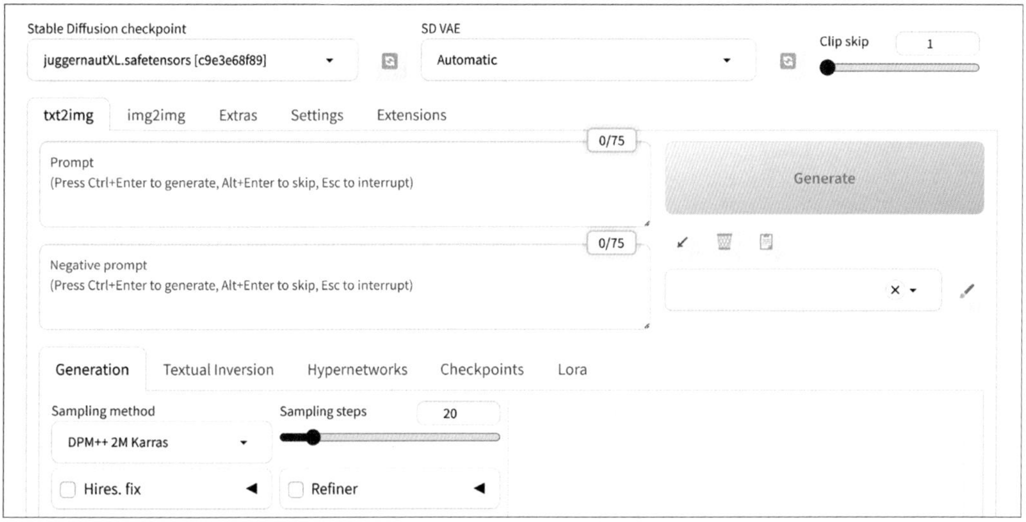

图 1-1

WebUI 的最大优点是操作起来比较简单。当然，这里的"简单"是相对的，很多新用户仍然会被层出不穷的名词和大量参数选项难住。但是，当你使用过 ComfyUI 后，回头再看 WebUI，就会深刻感受到 WebUI 的简洁。

WebUI 的另一个优点是成熟的开源生态。因为具有先发优势，所以 WebUI 的插件数量众多，而且网络上的学习资料丰富，新用户的学习门槛相对较低。然而，WebUI 在显存调度方面存在问题。众所周知，AI 绘图对显存的要求较高，单单载入一个 SDXL 版的大模型就需要 8GB 以上的显存，再加上高清修复和各种插件的使用，低容量显存的用户可能会频繁遭遇显存溢出报错的困扰。尽管 WebUI 和后来的 ForgeUI 在显存调度方面付出过很多努力，但由于底层架构的原因，仍然无法达到 ComfyUI 的使用体验。

2 ForgeUI

ForgeUI 的开发者是张吕敏，他也是著名插件 ControlNet、Layer Diffusion、ICLight 和 AI 绘图工具 Fooocus 的开发者。ForgeUI 在 WebUI 的基础上进行了一系列的底层代码优化，可以有效降低显存的占用率，减少因显存不足导致的报错或性能下降问题，提升了低显存用户的使用体验。

ForgeUI 的界面和 WebUI 完全一致，大部分插件也是通用的，WebUI 用户可以无缝迁移到 ForgeUI。另外，ForgeUI 还集成了一些 WebUI 中没有的功能，很多最前沿的插件，例如生成透明图层的 Layer Diffusion、制作动画的 SVD 等，都能第一时间在 ForgeUI 中使用，如图 1-2 所示。

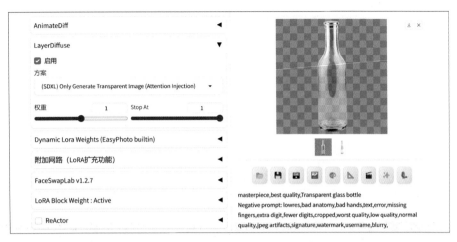

图 1-2

ForgeUI 通过代码优化、分块生成和显存释放等手段，虽然改善了显存溢出的问题，但是对于配备了 6GB 和 8GB 显存的显卡来说，这种程度的改善只是让其"可以"生成图片。一旦涉及高清重绘和超清放大，就只能在降速模式下勉强运行。低显存用户要想获得更高画质或者体验前沿功能和新模型，要么换显卡，要么转移到 ComfyUI。

3 ComfyUI

WebUI 和 ForgeUI 就像是已经出厂的汽车，用户只需要学会如何驾驶即可。而 ComfyUI 采用了节点式的界面设计，相当于只提供了各种各样的零部件，用户不仅要学习驾驶，还要像技师那样掌握一定的装配技能，如图 1-3 所示。

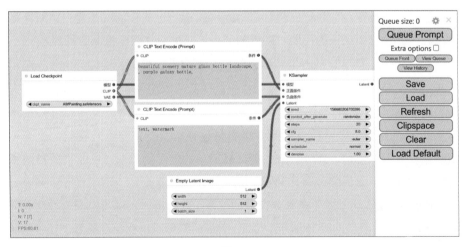

图 1-3

ComfyUI 的优势主要体现在 4 个方面。首先，ComfyUI 的灵活度非常高，用户可以自由组合节点，就像拼装乐高玩具那样，把各种各样的节点组装成自行车、汽车、拖拉机，甚至是火车，从而实现不同的任务目标。更重要的是，每个工作流都可以打造成自动运行的"小程序"，只需输入一段文字或者上传一张图片，就能实现一键换装、卡通头像生成、老照片修复等效果。

其次，ComfyUI 只需在界面中拖入工作流文件或生成的图片，就能完美还原所有节点体系和设置参数，轻松实现工作流的重复使用。这就意味着初学者不仅可以通过"抄作业"的方式学习其他用户分享的工作流，还能随时从网络上调用数以千计的"成品"资源，如图 1-4 所示。

图 1-4

再次，ComfyUI 更节省显存，生成图片的速度也更快。WebUI 相当于一个必须加载所有节点的工作流，而 ComfyUI 可以自由选配组件，不需要的就不添加，即使添加了节点，不运行时也不会载入显存，而且只要不更改设置参数，运行过的节点就不需要重新计算。因此，可以大幅度减少显存溢出报错的问题，同样的显卡可以生成分辨率更高的图片。

最后，ComfyUI 的架构比较开放，很多最新、最前沿的模型和插件都会首先应用到 ComfyUI 中，而 WebUI 的用户需要等待一段时间后才能体验。

ComfyUI 的缺点是学习门槛较高。以汽车举例，WebUI 的用户只需负责开车，记住常用的参数和操作即可。而 ComfyUI 的用户既要学会开车又要掌握组装技能，没有一定的理论功底很难驾驭复杂的流程。此外，在一些比较简单的应用场景中，由于需要搭建和改造工作流的过程，ComfyUI 在操作方面比 WebUI 烦琐得多。

当然，WebUI 和 ComfyUI 不是非此即彼的关系，因为最占用磁盘空间的模型文件大部分可以共享，所以很多用户会同时安装两套界面。普通的任务可以在自己更熟悉或者实现起来更方便的界面中进行，遇到需要自动运行或者 WebUI 无法实现的任务时，再使用 ComfyUI。

有时，我们还可以把两者的优势结合起来。例如，在 WebUI 中可以非常方便地使用 ControlNet 的 Tile 模型来修复图片，手部的修复效果也更好。要想在 ComfyUI 中实现从图片生成到手部修复，再到全图重绘的完整流程，需要创建非常多的节点，且效果可能还比不上 WebUI。如果只从效率和实用性的角度出发，完全可以让 WebUI 接力完成这部分的后期处理工作。

4 SwarmUI

SwarmUI 是 Stability AI 官方发布的界面。第一眼看上去，这个界面和 WebUI 差别不大，都是通过现成的参数选项生成图片，如图 1-5 所示。

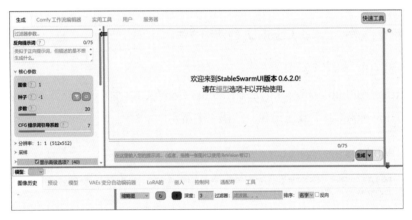

图 1-5

切换到"Comfy 工作流编辑器"选项卡后，我们会发现这里原封不动地复刻了 ComfyUI，如图 1-6 所示。由此可知，SwarmUI 的目标是把 WebUI 和 ComfyUI 结合起来，分别执行简单的任务和复杂的流程。

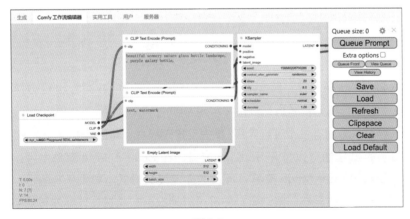

图 1-6

可惜的是，这个界面似乎有些"生不逢时"，未能引起 Stable Diffusion 用户太大的兴趣。原因很简单，从本质上讲，SwarmUI 的核心还是 ComfyUI。许多用户之所以保留 WebUI 和 ComfyUI 两套体系，是因为看重各自的生态，而不仅仅是依赖两套界面的简单结合。此外，更换新界面意味着需要重新下载和配置各种插件和模型，同时还面临不确定性的风险。只是增加一个集成窗口，很难说服用户放弃更为成熟的体系。

📊 1.2 部署和运行 ComfyUI

下面介绍在计算机上部署 ComfyUI 的两种方法。

1 从 GitHub 下载并安装

登录 https://github.com/comfyanonymous/ComfyUI，向下拖动页面，找到并单击 Direct link to download 以下载压缩包，如图 1-7 所示。

Windows

There is a portable standalone build for Windows that should work for running on Nvidia GPUs or for running on your CPU only on the releases page.

Direct link to download

Simply download, extract with 7-Zip and run. Make sure you put your Stable Diffusion checkpoints/models (the huge ckpt/safetensors files) in: ComfyUI\models\checkpoints

If you have trouble extracting it, right click the file -> properties -> unblock

How do I share models between another UI and ComfyUI?

See the Config file to set the search paths for models. In the standalone windows build you can find this file in the ComfyUI directory. Rename this file to extra_model_paths.yaml and edit it with your favorite text editor.

图 1-7

下载完成后，解压缩文件，然后双击运行文件夹中的 run_nvidia_gpu.bat 文件，等命令提示符中的进程加载完成后，将自动打开网页和 ComfyUI 界面。

ComfyUI 界面的右侧有一个设置面板，单击设置面板右上角的 ▨ 按钮可以将面板最小化。单击设置面板上的 ⚙ 按钮可以打开 Settings 窗口，在 Color palette 菜单中可以选择画布的配色方案，在 Link Render Mode 菜单中可以选择连线的样式，如图 1-8 所示。设置面板以外的区域用于显示节点的画布。滚动鼠标中键可以缩放画布，按住鼠标左键或空格键后移动鼠标指针可以移动画布。

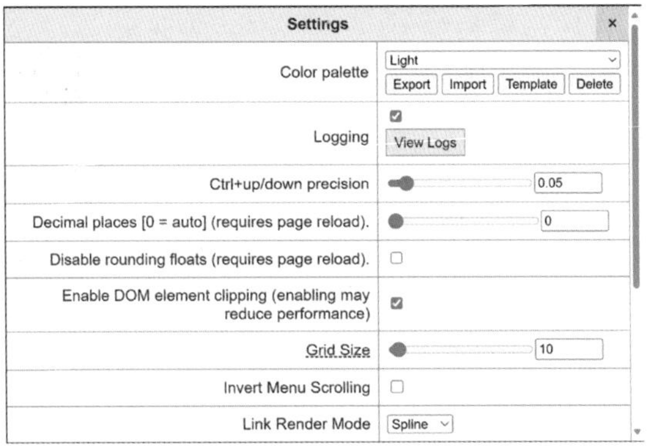

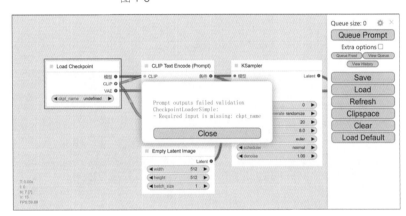

图 1-8

画布上已经创建了默认的文生图工作流。由于尚未下载安装大模型文件，如果现在单击设置面板上的 Queue Prompt 按钮运行工作流，将会弹出如图 1-9 所示的出错提示信息。

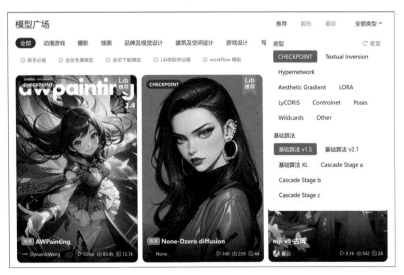

图 1-9

登录一个模型下载网站，这里以 https://www.liblib.art 为例。单击首页右上角的"全部类型"按钮，在弹出的菜单中选择 CHECKPOINT，如图 1-10 所示。

图 1-10

单击一个模型的封面图，然后在详情页的右上方单击链接下载大模型文件，如图 1-11 所示。下载完成后，把模型文件剪贴到 ComfyUI 根目录下的 ComfyUI\models\checkpoints 文件夹中。

单击设置面板上的 Refresh 按钮，或者按 F5 键刷新页面，然后在 Load Checkpoint 节点中选择大模型，如图 1-12 所示。现在单击 Queue Prompt 按钮或者按 Ctrl+Enter 键，等工作流运行完毕，即可生成图片。

图 1-11

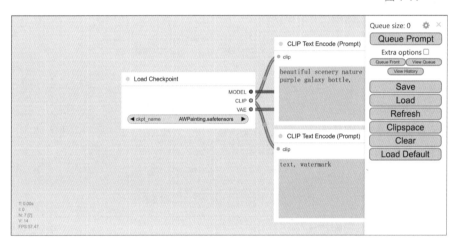

图 1-12

已经安装了 WebUI 的用户可以打开 ComfyUI 根目录中的 ComfyUI 文件夹，把里面的 extra_ model_paths.yaml.example 文件更名为 extra_model_paths.yaml。在更名后的文件上右击，执行"在记事本中编辑"命令，把 base_path: 后面的内容修改为 WebUI 的根目录路径后保存文件，如图 1-13 所示。关闭进程窗口，然后重新运行 run_nvidia_gpu.bat 文件，这样就能共享 WebUI 中的模型。

2 通过"绘世"启动器安装

下载 B 站用户"秋葉 aaaki"制作的"绘世"启动器，解压缩后运行启动器，单击右下角的"一键启动"按钮，如图 1-14 所示。等进程加载完成后，启动器将自动打开浏览器和 ComfyUI 界面。

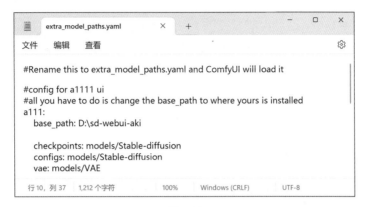

图 1-13

图 1-14

对于大多数用户来说，安装和部署 Stable Diffusion 的系统环境是一件很复杂的事情。虽然现在可以一键运行 ComfyUI，但未来可能还需要安装各种各样的自定义节点，而这些自定义节点往往需要自己的环境依赖，各种依赖的安装配置和相互冲突问题非常令人抓狂。

在这里建议，不喜欢频繁调整系统的用户最好使用"绘世"启动器来运行 ComfyUI。原因是"绘世"启动器把很多底层选项和环境组件集成到了一起，当计算机的系统环境出现问题时，只需依次单击"高级选项"按钮→"环境维护"按钮，就能重新配置相应的组件，如图 1-15 所示。

图 1-15

更重要的是，由于网络限制，使用原生 ComfyUI 时，很多自定义节点所需的模型和依赖都需要手动安装。一些自定义节点的安装配置可能会把普通用户折磨到放弃。相比之下，"绘世"启动器已经集成了很多重要的自定义节点，一部分模型和依赖还可以通过镜像网站实现自动下载，仅这一点就能节省大量时间和精力，如图 1-16 所示。

图 1-16

本书使用的是"绘世"启动器 ComfyUI-aki-v1.3 安装包。为了兼顾使用原生 ComfyUI 的读者，已删除所有集成的自定义节点，从最纯净的状态开始学习。

最后，关于安装方面的问题，需要指出的是，ComfyUI 在启动和运行过程中需要频繁调用各种模型文件，因此硬盘速度对 ComfyUI 的整体性能有很大影响。另外，Stable Diffusion 中的模型种类繁多且体积较大，500GB 的存储空间在不知不觉间就会被填满。因此，建议一开始就把启动器解压到磁盘空间最充裕的固态硬盘中。

▓ 1.3 安装管理自定义节点

没有安装自定义节点的 ComfyUI 就像是一部新手机，里面只有实现基本功能的应用（App），要想做更多事情，就需要安装各种各样的应用。ComfyUI 中的自定义节点类似于 WebUI 中的插件，有些用于实现特定功能，有些则用于增强界面的外观选项。本节将介绍如何安装两个必备的自定义节点：一个是自定义节点管理器，相当于手机中的应用商店；另一个用于汉化界面。

所需自定义节点	ComfyUI-Manager AIGODLIKE-COMFYUI-TRANSLATION

安装自定义节点的方法有很多种，第一种方法是在"绘世"启动器中依次单击"版本管理"按钮→"安装新扩展"按钮，然后单击自定义节点名称右侧的"安装"按钮，如图 1-17 所示。

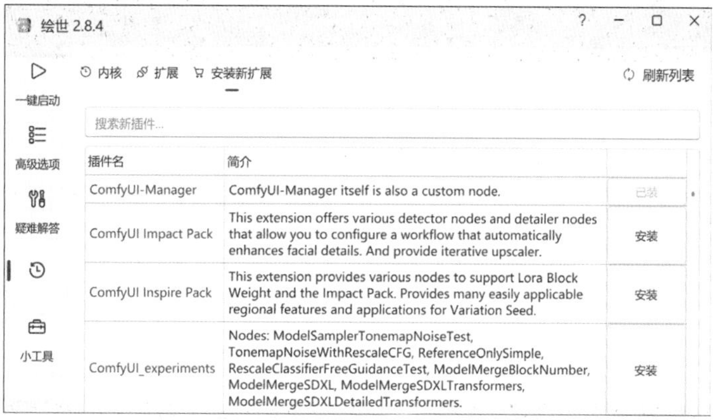

图 1-17

第二种方法是，原生 ComfyUI 的用户登录 https://github.com/ltdrdata/ComfyUI-Manager，单击 Code 按钮后，然后单击 Download ZIP 下载压缩包，如图 1-18 所示。把解压后的文件夹重命名为 ComfyUI-Manager，然后复制到 ComfyUI 根目录下的 ComfyUI\custom_nodes 文件夹中。

第三种方法是在计算机上安装 Git 软件。在 ComfyUI-Manager 的 Git 仓库页面中，单击绿色的 Code 按钮后，再单击▓按钮。进入 ComfyUI 根目录下的 ComfyUI\custom_nodes 文件夹，在文件夹的空白处右击，选择菜单中的 OpenGitBashhere 命令。在打开的窗口中，输入 git clone，然后输入一个空格，在窗口中右击，选择 Paste 命令粘贴地址后按 Enter 键，如图 1-19 所示

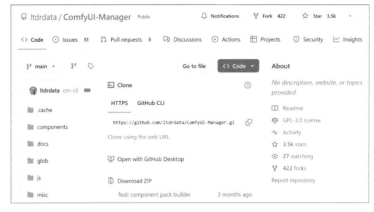

图 1-18

图 1-19

这种方法虽然麻烦，但可以避免很多问题。因为像 ComfyUI-Manager 这样的自定义节点很多，如果不重新命名解压后的文件夹重，即使复制到正确的路径中，也无法正常使用。重新运行 ComfyUI 后，单击设置面板上的 Manager 按钮，在打开的窗口中单击 Update ComfyUI 按钮，即可把 ComfyUI 更新到新版本。单击 Update All 按钮可以更新所有已安装的自定义节点，如图 1-20 所示。

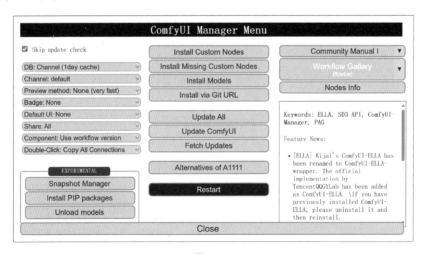

图 1-20

单击 Install Custom Nodes 按钮，在窗口的右上方搜索 ComfyUI-Translation。单击 Search 按钮后，再单击 Install 按钮安装自定义节点。等待安装完成后，单击 RESTART 按钮，如图 1-21 所示。如果"绘世"启动器的控制台中出现退出提示，则需要单击右上角的"一键启动"按钮重新运行 ComfyUI。

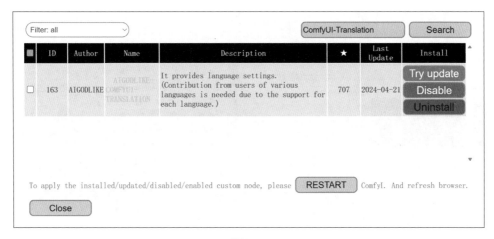

图 1-21

在窗口左上角的下拉菜单中选择"已安装"，即可更新或卸载已安装的自定义节点。如果安装的自定义节点与其他自定义节点存在冲突，会在描述中用黄色底纹标注出来，如图 1-22 所示。当需要查看某个自定义节点的介绍和使用说明时，单击蓝色的自定义节点名称即可直接访问 Git 页面。

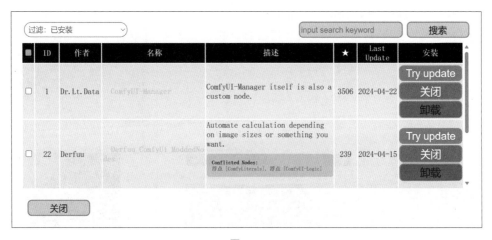

图 1-22

导入别人分享的工作流时，如果全部显示为红色节点，则说明 ComfyUI 中缺少自定义

节点，如图 1-23 所示。在设置面板上打开管理器窗口，单击"安装缺失节点"按钮，就能
看到需要安装的自定义节点。

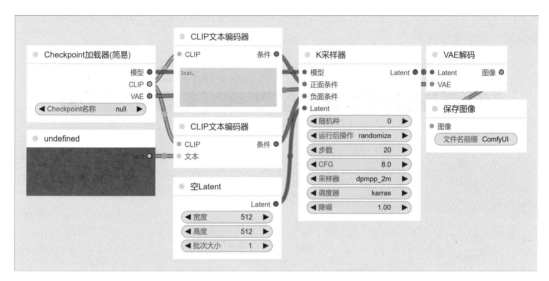

图 1-23

　　管理器窗口中还提供了两个比较有用的设置选项。在窗口左侧的"标签"下拉菜单中选
择 "ID+ 名称"，就能在节点的右上角显示所有节点的创建顺序。如果画布上有缺失的自
定义节点，还能看到缺失节点的名称。节点右上角有狐狸图标的是 ComfyUI 的自带节点，
如图 1-24 所示。

　　当工作流运行到"K 采样器"节点时，节点下方会动
态显示采样过程，如图 1-25 所示。在管理器窗口的"预览
方法"菜单中，可以选择是否显示采样过程。

图 1-24　　　　　　　　　　　　　　　图 1-25

▓ 1.4 理解 Stable Diffusion 的工作原理

互联网上有无以计数的图片资源，如果把所有图片都下载下来，并为每张图片添加文字注释，标明图片上的内容，就会形成一个庞大的数据库。输入关键词后，就能检索到符合条件的图片。

然而，对于 AI 绘画来说，这种方式不能解决所有问题。假设我们想画一只在太空舱里穿着宇航服的狐狸，但发现数据库里没有这样的图片，该怎么办？解决办法是分别调出太空舱、宇航服和狐狸的图片，把这三张图片的特征混合到一起，然后重新画一张，如图 1-26 所示。

图 1-26

要想用文字生成图片，需要解决三个问题：第一个问题是如何在家用级别的计算机中装下几十亿甚至上百亿张图片；第二个问题是图片由大量像素点组成，每个像素又有红绿蓝三个分量，如果逐个像素进行计算，仅一张 512×512 像素的图片就需要计算 78 万次，这样庞大的算力资源从何而来；第三个问题是如何让程序理解文字，并生成符合语义描述的画面内容。

为了解决以上问题，Stable Diffusion 提供了三个核心组件。第一个组件被称为自动编解码器，这个组件分成编码器和解码器两个部分。编码器的作用是压缩图片的尺寸和颜色信息，同时在图片上逐步添加噪声，直到将图片处理成肉眼无法识别，仅程序才能读懂的向量特征。经过 48 倍的压缩后，图片的体积变得非常小，从而解决存储问题，如图 1-27 所示。

图 1-27

如果在压缩图片的同时为每张图片添加描述画面内容的语义标签，这个过程就是训练模型。把训练得到的所有语义标签和图像特征代码整合到一个文件包中，这个文件包就是大模型。大模型是预先训练好的，其中包含了能生成"世间万物"的图像特征。在 ComfyUI 的默认工作流中，只需在"Checkpoint 加载器"节点中选择一个大模型，就能从中调取生成图片所需的图像向量特征，如图 1-28 所示。

第二个组件为 CLIP 文本编码器。这个编码器从互联网上抓取了 4 亿张图片以及描述图片内容的文本，分别提取文本和图像的特征后进行对比学习。文本和图像特征匹配的作为正样本，不匹配的作为负样本。经过不断地重复训练，文本和图像之间的对应关系就建立起来了。

图 1-28

ComfyUI 中有两个"CLIP 文本编码器"节点：一个用于输入正向提示词，也就是希望画面中出现的内容；另一个用于输入反向提示词，也就是不希望画面中出现的内容，如图 1-29 所示。用户在这里输入提示词后，文本编码器会把文字转换成由数字组成的词元向量。这些词元向量一端发送给"Checkpoint 加载器"节点，从大模型中筛选符合条件的图像向量特征，另一端发送给"K 采样器"节点。

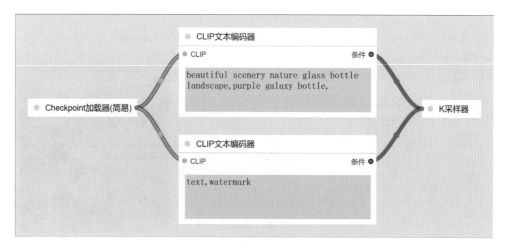

图 1-29

第三个组件是扩散模型，也就是 ComfyUI 中的"K 采样器"节点。扩散模型接收到文本编码器发来的词元向量和大模型发来的图像特征向量后，从"空 Latent"节点中调取一张随机生成的噪声图（或称为噪波图），然后在词元向量和图像特征向量的指导下，逐步去除噪声，如图 1-30 所示。因为去除噪声的过程是在图片经过高度压缩后的"潜空间"中进行的，需要处理的像素数量很少，所以家用级显卡也能满足这种算力需求。

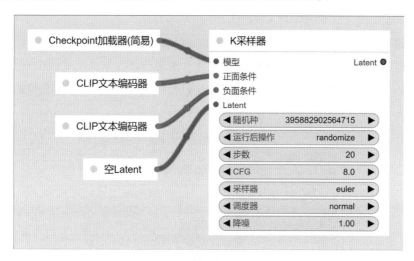

图 1-30

接下来，"VAE 解码"节点进行一次反向扩散处理，把潜空间中的生成结果升维放大到像素空间，转换为我们可以识别的图片。最后，利用"保存图像"节点把图片保存到硬盘上，如图 1-31 所示。

图 1-31

1.5 ComfyUI 的基本操作

在大致了解了 Stable Diffusion 的工作原理和几个主要节点的作用后，本节将从零开始还原一次默认工作流，让读者熟悉 ComfyUI 中的基本操作。

单击设置面板上的"清除"按钮，然后在弹出的窗口中单击"确定"按钮删除所有节点。接着，在画布上右击，在弹出的菜单中依次选择"新建节点"→"加载器"→"Checkpoint 加载器（简易）"命令。继续在画布的空白处双击，打开搜索窗口，通过搜索名称的方式添加"K 采样器"节点，如图 1-32 所示。

图 1-32

节点上有颜色的圆点称为端口，左侧的输入端口用来接收上一个节点发来的信息，右侧的输出端口负责把处理后的信息发送给下一个节点。不同颜色的端口接收和发送的信息类型也不同，如图 1-33 所示。

在任意一个节点上右击，在弹出的菜单中可以修改节点的标题名称、颜色和形状。单击标题名称前面圆点，可以折叠或展开节点。把光标移到节点的右下角，按住鼠标拖动可以调整节点的大小，如图 1-34 所示。

图 1-33

图 1-34

通过鼠标左键按住一个输出端口，把光标移动到另一个颜色相同的输入端口上，然后松开鼠标即可在两个端口之间建立连线。连线的中间位置有一个圆点，单击这个圆点后再单击"删除"命令就能断开连接，如图 1-35 所示。当连线中间的圆点被节点遮挡时，可以用鼠标右击输出端口，在弹出的菜单中选择 Disconnect Links 命令来断开连接。

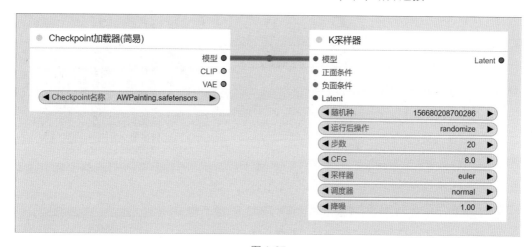

图 1-35

通过鼠标左键按住"K 采样器"节点上的 Latent 端口，拖出连线后松开鼠标，在弹出的菜单中单击"VAE 解码"，就能创建与之连接的节点，如图 1-36 所示。

图 1-36

在"Checkpoint 加载器"节点的 CLIP 端口上拖出连线，松开鼠标后选择"CLIP 文本编码器"命令。选中新建的节点后按 Ctrl+C 键进行复制，然后按 Ctrl+Shift+V 键粘贴带有连线的节点。按住 Alt 键后拖动节点，可以复制不带连线的节点。接下来，把两个"CLIP 文本编码器"节点的"条件"端口分别与"K 采样器"节点的"正面条件"和"负面条件"端口连接起来，如图 1-37 所示。

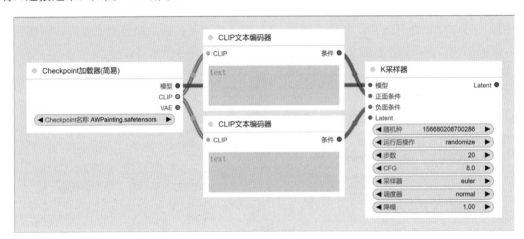

图 1-37

继续通过"K 采样器"节点的 Latent 端口创建"空Latent"节点，通过"VEA 解码"节点的"图像"端口创建"保存图像"节点。单击设置面板上的"添加提示词队列"按钮，如果工作流上有尚未连接的端口，系统会用红色边框标注通路中断的节点，用红色圆圈标注未连接的端口，如图 1-38 所示。

图 1-38

把"Checkpoint 加载器（简易）"节点的 VAE 端口连接到"VEA 解码"节点，默认的文生图工作流就搭建完成了，如图 1-39 所示。按住 Ctrl 键后，可以用框选的方式同时选中多个节点，按住 Shift 键后，可以同时移动选中的节点。

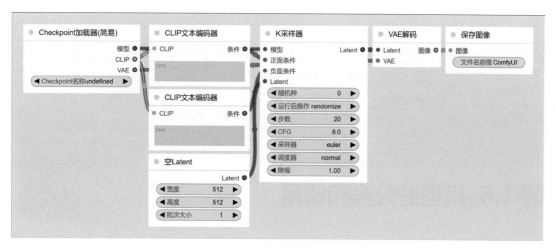

图 1-39

在画布的空白处右击，在弹出的菜单中选择"新建分组"命令。拖动组节点的右下角调整大小，继续拖动组节点的标题栏，与之相交的所有节点就能一起移动，如图 1-40 所示。

单击设置面板上的"添加提示词队列"按钮，节点边框会从左至右依次变成绿色，表示整个工作流的运行顺序和进度。

在"空 Latent"节点上，"批次大小"参数用来设置同时生成的图片数量。这个参数对显卡的要求比较高，需要生

图 1-40

成多张图片时，我们可以多次单击"添加提示词队列"按钮，或者勾选"更多选项"复选框后，设置"批次数量"参数，以便一张接一张地生成图片。单击设置面板上的"显示队列"按钮，可以查看或者取消正在排队运行的流程，如图 1-41 所示。

生成多张图片后，按快捷键 H，或者单击设置面板上的"显示历史"按钮，在展开的列表中可以查看生成过的图片，如图 1-42 所示。所有生成结果都被保存在"绘世"启动器根目录下的 output 文件夹中。

图 1-41 　　　　　　　　　　　　　　　图 1-42

1.6　模型的分类和调用

模型是一个非常宽泛的概念。Stable Diffusion 本身就是一种模型，其中包括多个子模型，例如：生成图片的大模型、生成特殊画风和形象的 Lora 模型、捕捉和嵌入图像特征的 Embedding 模型、修补色彩的 VAE 模型等。为了实现引导画面、高清放大、提取遮罩等功能，各种自定义节点也需要使用专门的模型算法。本节将介绍 Stable Diffusion 中一些常用的模型以及调用这些模型的方法。

所需自定义节点	EmbeddingPicker

1 大模型

我们常说的大模型分为官方大模型和 Checkpoint 模型两种。官方大模型使用海量图片和算力资源进行训练，就像百科全书一样，集合了 AI 绘图所需的所有信息。官方大模型包括 SD1.1~1.5、SD2、SDXL 以及最新的 Stable Diffusion 3，目前使用最广泛的是 SD 1.5 和 SDXL 版的大模型。

尽管官方大模型可以生成各种图像，但它们无法呈现所绘对象的所有细节特征。于是，在官方模型的基础上进行微调和扩展，产生了擅长生成特定画风或特殊形象的 Checkpoint 模型。接触过 AI 绘画的读者都知道，大模型是决定画面风格和质量的关键因素。在模型网站上，有成百上千的 Checkpoint 模型，它们各有所长，有的擅长表现写实人物，有的擅长生成建筑景观，还有的擅长生成卡通形象。使用相同的提示词和设置参数，不同的大模型会产生截然不同的生成结果，如图 1-43 所示。

图 1-43

2 Lora 模型

Lora 模型能够把训练参数插入大模型的神经网络中，以较少的训练参数和算力就能把某种人物特征或风格固定下来。大模型的体积较大，SD 1.5 版大模型的体积大致为 2GB，SDXL 版大模型的体积在 6GB 左右。相对而言，Lora 模型的体积只有大模型的十分之一，这不仅能让硬盘装下更多风格的模型，还可以用多个 Lora 模型共同控制生成结果的风格。

由于训练难度低、效果优异且模型体积小，因此 Lora 模型成为目前最热门且广泛应用的模型。使用 Lora 模型生成图的效果如图 1-44 所示。Lora 模型的安装路径是"绘世"启动器根目录下的 models\loras 文件夹。

图 1-44

Lora 模型不能单独使用，必须挂载到大模型上。调用 Lora 模型的方法是在画布的空白处右击，然后依次选择"新建节点"→"加载器"→"LoRA 加载器"命令来创建节点。把"LoRA加载器"节点的"模型"端口连接到"K 采样器"节点，把 CLIP 端口连接到两个"CLIP 文本编码器"节点，如图 1-45 所示。

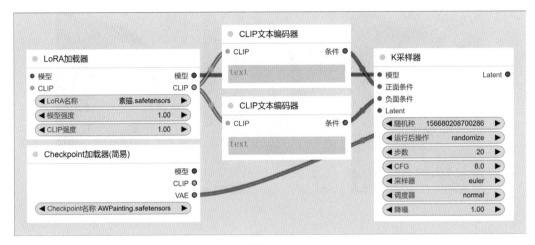

图 1-45

接下来，把"Checkpoint 加载器（简易）"节点的"模型"端口和 CLIP 端口连接到"LoRA 加载器"节点，这样 Lora 模型的文生图工作流就搭建完成了，如图 1-46 所示。

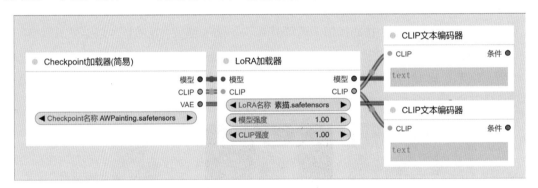

图 1-46

我们还可以在"Checkpoint 加载器"和"LoRA 加载器"节点之间继续串联 LoRA 加载器，以便用多个 Lora 模型共同微调大模型，如图 1-47 所示。

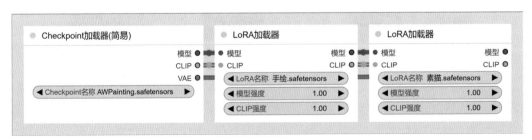

图 1-47

在"LoRA 加载器"节点中，"模型强度"参数用于控制 Lora 模型的作用程度，数值越大，模型的特征或画风就越强烈，如图 1-48 所示。"CLIP 强度"一般和"模型强度"设置为相同的数值。至于这两个参数应取多大值，最理想的情况是使用模型下载页面中作者给出的建议参数，或者先把数值设置成常用的 0.8，然后根据生成结果的表现进行调整。

使用 Lora 模型时还要注意三个问题。首先，Lora 模型和大模型需要使用相同的版本，要么都使用 SDXL，要么都使用 Stable Diffusion 1.5。其次，Lora 模型是基于某些特定的大模型训练出来的，虽然有一定的适配性，但使用配套的大模型能产生更好的效果。再次，有些 Lora 模型提供了触发词。这些触发词需要在正向提示词中填写，虽然不填写也能让 Lora 模型生效，但无法得到最佳效果。填写提示词前后的对比效果如图 1-49 所示。

模型强度 =0.6　　　　模型强度 =0.9

图 1-48

图 1-49

3 Embedding 模型

Embedding 模型，也称为 Textual Inversion 模型，是一种在训练时只处理语义标签的模型，使 AI 更精确地理解某些词组的含义。可以把 Embedding 模型理解为一组封装好的提示词：用作正向提示词时，可以生成指定角色的特征或画风；用作反向提示词时，可以避免色彩、肢体等画面元素出现错误。由于这种模型只起到标记作用，本身不包含信息，因此体积只有几十千字节。WebUI 的安装路径是根目录下的 embeddings 文件夹，而 ComfyUI 的安装路径是根目录下的 models\embeddings 文件夹。

调用 Embedding 模型的方法是在提示词中输入模型的文件名。例如，如果我们下载了一个可以生成游戏人物形象的 Embedding 模型，可以把文件重新命名为 D.va 并安装到正确的路径中。因为我们希望生成这个人物，所以在正向提示词中输入 embedding:D.va。为了避免出现肢体错误和不良构图，我们可以使用修复类模型，如 EasyNegativeV2、badhandv4、ng_deepnegative_v1_75t 等，并在反向提示词中输入，如图 1-50 所示。

这种添加模型的方式很不友好，我们可以安装自定义节点 Embedding Picker。需要添加 Embedding 模型时，只需在"CLIP 文本编码器"节点上右击，选择 Prepend Embedding Picker 命令，然后在新建的节点中选择模型。提示词也应在新建的节点中输入，如图 1-51 所示。

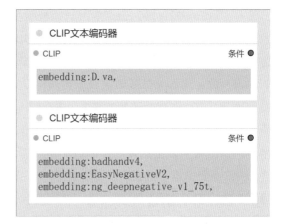

图 1-50

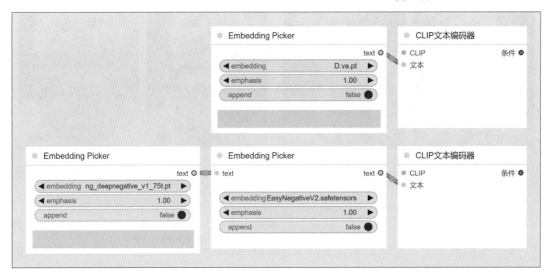

图 1-51

现在，无须输入任何提示词，只需按 Ctrl+Enter 键运行工作流，即可生成 D.va 形象的角色，如图 1-52 所示。

4 VAE 模型

VAE 模型就像滤镜一样，起到修复色彩和细节微调的作用。VAE 模型通常集成在大模型中，当工作流进行到最后一步时，通过 VAE 端口发送给"VAE 解码"节点。有些大模型由于 VAE 文件损坏，生成的图片会出现灰暗、颜色不鲜明的现象，这时需要使用外挂的 VAE 模型进行修复。

图 1-52

使用外挂 VAE 模型的方法是在画布的空白处右击，依次选择"新建节点"→"加载器"→"VAE 加载器"命令创建节点，然后把 VAE 端口与"VAE 解码"节点连接起来，并在新建的节点中加载模型文件，如图 1-53 所示。

图 1-53

1.7 打造更舒适的界面

ComfyUI 属于第一眼看上去想放弃，用过一段时间后又离不开的界面。对于初学者来说，最大的挑战是入门阶段陡峭的学习曲线。好在很多开发者已经对 ComfyUI 的设置选项和常用操作进行了各种优化，特别是本节将介绍的三个自定义节点，已经成为大多数 ComfyUI 用户的必备插件。

所需自定义节点	failfast-comfyui-extensions、Crystools和ComfyUI-Custom-Scripts

开源工具的一大魅力在于它们能够在全球开发者的共同努力下不断完善和优化，ComfyUI 中的许多不便之处都可以通过自定义节点来解决。例如，提示词节点中的字体较小，安装自定义节点 failfast-comfyui-extensions 后，就能在设置窗口中调整文字大小。此外，还可以设置连线宽度、是否显示节点阴影等外观细节的选项，如图 1-54 所示。

对于显存不充裕的用户，可以安装自定义节点 Crystools，这样可以在设置面板上直接查看 CPU、GPU、显存等系统资源的占用情况。同时，还能看到图片的生成进度和生成图片花费的时间，如图 1-55 所示。

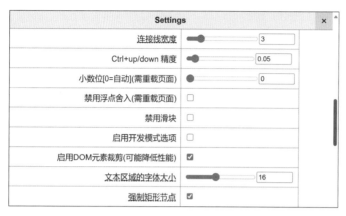

图 1-54   图 1-55

ComfyUI-Custom-Scripts 是一个堪称瑞士军刀的自定义节点，安装完成后，最显著的变化是界面下方多出一个工具条。以前查看生成结果时，需要按 H 键显示历史列表，在加载历史记录前无法看到生成结果的预览图。现在可以在工具条中以缩略图的方式查看所有生成结果，并通过拖动工具条左下角的两个滑块调整缩略图的大小和显示数量，如图 1-56 所示。将缩略图拖到画布的空白处，即可调出生成这张图片的设置参数。

图 1-56

不想显示工具条时，可以先将设置面板最小化，然后单击工具条右下角的 ✕ 按钮。要重新显示工具条，单击设置面板右上方的 按钮。

单击设置面板上的设置按钮 ，在"图像面板位置"下拉菜单中可以选择工具条的停靠位置。取消"在菜单显示图像"复选框的勾选，可以关闭设置面板上显示的生成结果，如图 1-57 所示。

Settings		×
吸附网格	☑	
默认工作流	[ComfyUI Default] ⌄	
在自定节点中添加子菜单	☑	
移除重复的图像	关闭 ⌄	
图像面板顺序	正序 ⌄	
图像面板位置	左 ⌄	
中键添加	转接点 ⌄	
Model Info - Checkpoint Nodes/Widgets	CheckpointLoader.ckpt_nam	
Model Info - Lora Nodes/Widgets	LoraLoader.lora_name,Lora	
预设文本正则替换	(?:ˆ|[ˆ\w])(?<replace	
在菜单显示图像	☐	

图 1-57

以前添加 Lora 模型时，需要先创建节点，再连接端口。现在，只需在 "Checkpoint 加载器" 节点上右击，选择 "添加 LoRA" 命令，即可在创建节点的同时自动连接所有端口。

在不同的节点上右击，还可以创建与之相关的节点和流程。例如，在 "K 采样器" 节点上右击，选择 "添加高清修复" 命令，只需重新连接一个端口，就能得到具有高清修复功能的文生图工作流，如图 1-58 所示。

在实际应用中，经常需要添加 Lora 模型和 Embedding 模型。我们在 "Checkpoint 加载器" 节点上右击，选择 "添加 LoRA" 命令，然后在反向提示词的 "CLIP 文本编码器" 节点上右击，再选择 Prepend Embedding Picker 命令。

图 1-58

在 "LoRA 加载器" 节点上将 "模型强度" 和 "CLIP 强度" 参数设置为 0，在 Embedding Picker 节点上将 emphasis 参数设置为 0。在 "K 采样器" 节点的 "采样器" 菜单中选择 dpmpp_2m，在 "调度器" 菜单中选择 karras，一个更实用的文生图流程就创建完成了，如图 1-59 所示。

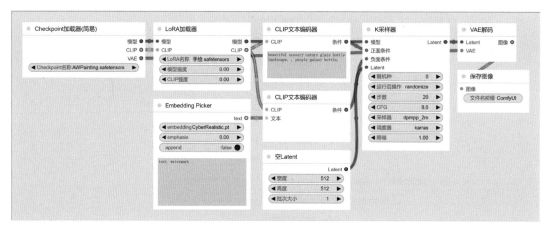

图 1-59

在设置面板上单击"保存"按钮右侧的下拉按钮，选择菜单中的"保存到工作流"命令。在弹出的窗口中输入"默认增强"后，单击"确定"按钮。然后，单击"加载"右侧的下拉按钮，就能看到保存过的工作流列表，如图 1-60 所示。

运行工作流时，ComfyUI 需要把大模型载入显存中，只要不更换大模型，始终会保持载入状态。单击设置面板上的 Unload Models 按钮，可以从显存中释放载入的大模型。

单击设置面板上的"设置"按钮，在"默认工作流"菜单中选择刚刚保存的工作流，如图 1-61 所示。现在单击设置面板上的 Clear 按钮，然后单击"加载默认"按钮，就能载入自定义的工作流。

在设置窗口中单击"文本补全"中的"自定义语句"按钮，在打开的窗口中单击"加载"按钮后，再单击"保存"按钮，如图 1-62 所示。

图 1-60

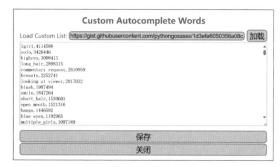

图 1-61   图 1-62

30

在"CLIP 文本编码器"节点中输入任意字母，文本补全功能就会弹出包含这个字母的单词列表，如图 1-63 所示。现在，我们又多了一种添加 Embedding 模型的便捷方式：在提示词节点中输入 embed，就会弹出已安装的 Embedding 模型列表，单击带下画线的文本，或者用上下方向键选择模型后按 Enter 键，就能应用模型，如图 1-63 所示。

这个插件还提供了几个实用的节点。在画布的空白处右击，执行"新建节点"→"实用工具"→"播放声音"命令，然后把新建的节点连接到"VAE 解码"节点。这样，图片生成后就会播放提示音，如图 1-64 所示。

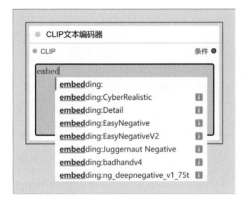

图 1-63

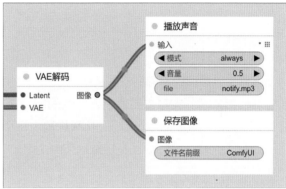

图 1-64

基本文生图工作流

　　根据文字描述的内容生成图片是 Stable Diffusion 的基本功能，其他功能都是围绕这一核心演化出来的。本章主要介绍提示词的编写技巧、几种常用条件类节点的使用方法，以及 ComfyUI 中最重要的节点——K 采样器中每个设置参数的作用。这些内容要么是 Stable Diffusion 的基本功能，要么是日常运用中使用频率非常高的操作，需要多做练习，熟练掌握。

🔲 2.1 提示词的写法规则

　　人与人之间的交流和沟通是一门学问，良好的沟通能促进信息的传递，避免不必要的误解。这一点同样适用于用文字和 AI 进行交流。提示词的作用就是告诉 Stable Diffusion 你想画什么。这件事看似很简单，只要会打字就行，如果英文不够好，可以借助翻译工具或者通过网站翻译一下；但实际上，这并非易事。如果我们完全按照自己的语言习惯来描述想要的画面内容，AI 未必能理解，即使理解了也不一定能准确表达。简单来说，为了用最有效的方式得到满意的效果，我们需要了解 AI 的规则，并用 AI 更容易理解的方式编写提示词。

　　编写提示词时需要注意以下几个点。首先，提示词可以使用单词，词组或句子作为书写单位，单词、词组和句子之间要用逗号分隔。接下来进行实际操作测试：在默认工作流的"K 采样器"节点上右击，依次选择"转换为输入"→"转换随机种为输入"命令。按住 Ctrl 键再选择"Checkpoint 加载器"和"空 Latent"以外的所有节点，然后按 Ctrl+C 键和 Ctrl+Shift+V 键复制节点。

　　接下来在画布的空白处双击，搜索并添加"Primitive 元节点"。把"空 Latent"连接到复制的"K 采样器"节点，将"Primitive 元节点"连接到两个"K 采样器"的"随机种"端口上，这样就完成了对比测试两组提示词的工作流，如图 2-1 所示。

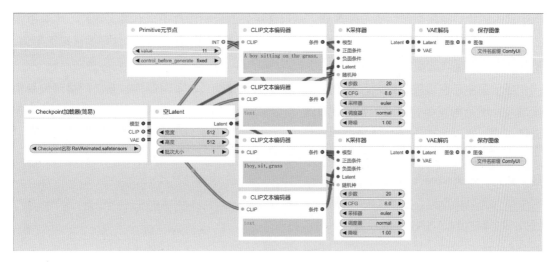

图 2-1

在第一个正向提示词节点中输入"1boy,sit,grass",在第二个正向提示词节点中输入"A boy sitting on the grass"。从生成的图片可以看出,这两种写法生成的内容基本一致,如图2-2 所示。相较而言,使用 Stable Diffusion 1.5 模型时,第一种词条化的写法可以得到更准确的 效果,书写和修改起来也比较方便;而 SDXL 模型在语义理解方面有很大进步,因此更适合 用自然语言书写,可以避免一词多义的影响。

图 2-2

其次,除描述画面内容外,为了得到效果更好的图片,我们还需要输入画质、画风和反 向提示词。训练模型时需要使用海量图片素材,这些素材中的画面质量有高有低。在正向提 示词中输入"masterpiece,bestquality"这样的画质提示词,可以缩小筛选范围,避免抽到低画质的图片。画风提示词也很好理解，从网络抓取的素材图片中既有真实照片，也有手绘图画，还有各种风格的壁纸和 CG 图像。输入"photo_(medium),reality"这样的画风提示词，才能调用符合描述的图像向量特征。

提示词中还有权重的概念，每个词组的默认权重值为 1，书写顺序越靠前的提示词权重值越高。因为画面质量和画面风格对图片的整体观感影响最大，所以一般会先写画质和画风提示词。我们在两个正向提示词中都输入"1boy,sit,grass"，然后在第二个提示词的前面加入"masterpiece,bestquality,reality"。选中所有画风提示词，按住 Ctrl 键的同时，按几下上箭头键，把权重值设置为 1.2，如图 2-3 所示。

图 2-3

运行工作流后，对比生成结果可以明显看出区别。第二张图片中的细节开始增加，照明的层次感也有所改善。虽然图片尺寸和像素密度没有变化，但这些细节特征能让画面看起来更精细，如图 2-4 所示。

图 2-4

反向提示词的作用是排除不想要的画面内容或者图像特征。通常情况下，我们会套用一组预先编辑好的反向提示词，以排除低画质、模糊、签名和水印等图像特征。然后，根据生成结果的具体情况，增减反向提示词的内容，如图 2-5 所示。

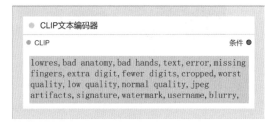

图 2-5

单击设置面板右上角的 ⚙ 按钮，然后单击"文本补全"中的"自定义短语"按钮。在文本框的第一行输入英文双引号（半角字符），并在双引号内输入反向提示词模板。接着在双引号后面输入逗号和触发词，然后单击"保存"按钮，如图 2-6 所示。

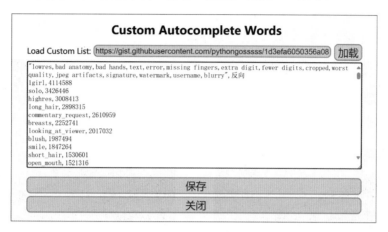

图 2-6

现在只要在提示词节点中输入触发词，就能快速套用反向提示词模板，如图 2-7 所示。

我们还可以在反向提示词中添加 Embedding 模型，这不仅能进一步提升图片细节，还能避免出现严重的手部和肢体错误，如图 2-8 所示。特别是在生成卡通图片时，完全可以用几个修复类的 Embedding 模型代替反向提示词。

图 2-7

图 2-8

第三个要点是权重值的运用。权重决定了画面中某个元素的优先级别，进而影响该元素的数量或者作用程度。例如，当我们在提示词中输入"mountain,lake,cloud"后生成图片，画面中的山脉、湖水和白云分别占据大致相等的比重。如果在提示词中选中 cloud，按住 Ctrl 键的同时按下箭头键，把权重值设置为 0.3，再次生成图片时，白云的数量和面积都会变小，山脉就成了画面中的主体，如图 2-9 所示。

图 2-9

还有一点需要 WebUI 的老用户注意，ComfyUI 和 WebUI 的提示词语法和权重机制有所不同。WebUI 中的权重值会经过平均化处理，有时即使把权重值设置得很高，由于平均后的实际数值降低，也不会产生特别明显的效果。而在 ComfyUI 中，输入多高的权重值就会产生多大的影响。因此，在 ComfyUI 中，我们需要适当降低权重值，不能按照 WebUI 中的习惯进行设置。

2.2 用中文输入提示词

了解了提示词的书写规则后，本节将解决提示词输入效率的问题。很多 WebUI 用户已经养成了在提示词库中选择词组的习惯。在 ComfyUI 中，我们不仅可以利用自定义节点实现相同的操作方式，还能直接用中文编写提示词。这让英文不好的用户摆脱了语言方面的限制，不用在 ComfyUI 和翻译页面之间来回切换。

所需自定义节点	comfyui-sixgod_prompt和One Button Prompt
完成工作流文件	附赠素材/工作流/文生图_中文提示词.json

编写提示词时，最怕的不是生成结果和输入的内容不相符，而是输入 1girl 后就不知道接下来输入什么。遇到这种情况时，我们有两种选择。一是打开 www.liblib.art 这样的模型下载网站，在"作品灵感"栏目看看别人都有哪些创意，单击一个作品的封面还能看到生成这张图片的模型、设置参数和正反提示词，如图 2-10 所示。

图 2-10

第二种选择是打开一个提示词网站，例如 promlib.com。该网站已经把常用的提示词分类放置到不同的标签中，我们可以按照质量画风 + 主体描述 + 环境构图的三段式结构，依次单击预览图，选择所需的提示词，最后单击右下角的"复制提示词"按钮，把文本复制到 ComfyUI 中，如图 2-11 所示。

图 2-11

来回切换页面的方式略显麻烦。安装自定义节点 comfyui-sixgod_prompt 能把提示词库集成到 ComfyUI 中。该自定义节点在 ComfyUI 管理器中无法搜索到，需要登录作者的 Git 仓库 https://github.com/thisjam/comfyui-sixgod_prompt。复制链接后，使用 Git clone 命令进行安装。

安装完成后，在画布的空白处右击，执行两次"新建节点"→"条件"→SixGodPrompts 命令创建节点，然后替换掉两个"CLIP 文本编码器"节点，如图 2-12 所示。

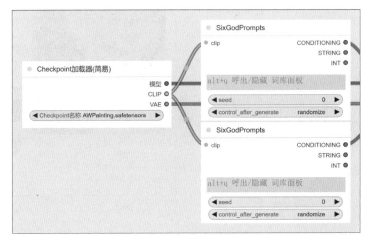

图 2-12

单击画布左下角的圆形按钮，或者按 Alt+Q 键弹出词库窗口，单击窗口左上角的"同步数据"按钮，在弹出的窗口中单击"确定"按钮。接下来，就可以像在提示词网站中一样，用鼠标左键单击类目中的词组将其添加到正向提示词中，用鼠标右键单击词组将它添加到反向提示词中，如图 2-13 所示。

图 2-13

在文本框下方左右拖动已添加的提示词列表可以调整顺序，在提示词列表上右击可以快速删除，单击列表上的加减号可以调整权重值，如图 2-14 所示。编辑好所有提示词后，按 Esc 键或者单击右上角的 ✕ 按钮关闭窗口，就能自动发送到 SixGodPrompts 节点中。

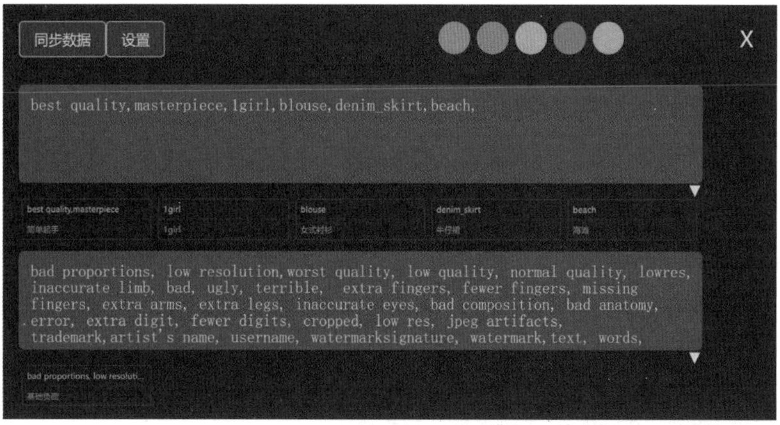

图 2-14

这个自定义节点还提供了翻译接口，在提示词节点中直接输入中文，同样可以得到符合描述的生成结果，而且中英文提示词可以混用，画质和画风提示词仍然可以套用英文模板，如图 2-15 所示。

comfyui-sixgod_prompt 还提供了很多特色功能，当没有感觉或者测试模型效果时，只要在词库窗口中单击"随机灵感"按钮，就能自动生成一组正向提示词。如果需要添加画质和画风提示词，可以在"开始占位提示词"文本框中输入，如图 2-16 所示。

图 2-15

图 2-16

在词库窗口中单击"自定义随机词库"按钮，然后单击"人设""头发颜色"等词库的二级类目，把包含的词组全部添加到打开的窗口中。随便取个标题名称，然后单击"发送到正向提示框"按钮，就能把输入的提示词转换成动态语法，如图 2-17 所示。

关闭词库窗口，在正向提示词节点的 control_after_generate 菜单中选择 randomize。生成图片时，正向提示词中的所有词组就会进行随机组合，进而生成不同角色、服饰和发色的图片。

这项功能其实就是 WebUI 中的通配符。利用好这个功能可以实现很多特殊效果。例如，我们可以先在提示词中输入一段词组，把角色类型、背景颜色和镜头角度固定下来，然后在随机词库中只添加头发颜色类目，如图 2-18 所示。

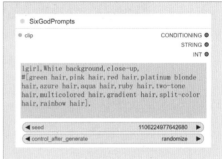

图 2-17 图 2-18

接下来，在"K 采样器"节点的"运行后操作"菜单中选择"固定"。现在只要连续生成图片，就能得到同一个人物变换不同头发颜色的系列图片，如图 2-19 所示。

图 2-19

想要进一步提升输入效率的话，我们还可以使用自定义节点 One Button Prompt 自动生成提示词，这样不仅免去了编辑和套用反向提示词模板的程序，还能得到一个更加强大的随机灵感库。

在反向提示词节点上右击，选择"转换文本为输入"命令。在画布的空白处右击，依次选择"新建节点"→"一键提示词"→"自动负面提示词"命令，然后把新建的节点与SixGodPrompts 节点连接起来。把"增强负面"参数设置为 1，在 base_model 下拉菜单中选择正在使用的大模型版本，这样就能自动生成反向提示词。在第二个文本框中可以添加Embedding 模型，或者输入自定义的反向提示词，如图 2-20 所示。

图 2-20

我们还可以在画布的空白处右击，依次选择"新建节点"→"实用工具"→"展示文本"命令，然后把新建的节点与"自动负面提示词"节点连接到一起。按 Ctrl+Enter 键生成图片，就能看到自动生成的反向提示词文本。通过测试可以发现，"随机强度"值越大，生成的提示词数量就越少，如图 2-21 所示。

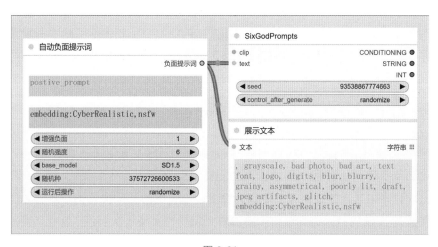

图 2-21

现在，一个可以用中文输入提示词的大多数工作流已经搭建完成，无须输入反向提示词，并且可以随时调用词库和通配符。即使是第一次接触 AI 绘画的用户，也能轻松驾驭，如图 2-22 所示。

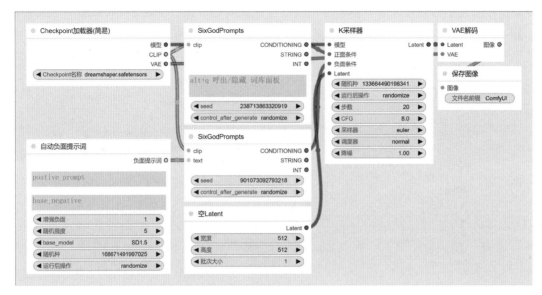

图 2-22

2.3 进一步完善工作流

2.2 节搭建的工作流只解决了提示词方面的问题，尚未达到特别完善的状态。本节将进一步加强这个工作流，让它生成更高质量的图片。同时，我们还会学习应用和管理模型的一些技巧，并安装一个自定义节点，以便更有条理地整理工作流、生成结果和各种类型的模型文件。

所需自定义节点	ComfyUI Workspace Manager-Comfyspace
完成工作流文件	附赠素材/工作流/文生图_SD1.5加强.json

打开 2.2 节搭建的工作流。需要注意的是，重新运行 ComfyUI 后，SixGodPrompts 节点可能会出现词库中选择的词组无法添加的情况，这是因为正反提示词节点的顺序可能被交换了。只需按 Alt+Q 键打开词库窗口，单击左上角的"交换正反同步"按钮即可解决。

首先，在"Checkpoint 加载器"节点中选择儿童插画风格的大模型 helloKBook，然后输

入最简单的提示词"1girl,grass"。接下来，在"自动负面提示词"和两个 SixGodPrompts
节点中把 control_after_generate 设置为 fixed，如图 2-23 所示。最后，在"空 Latent"节
点中把生成尺寸设置为 512×680。

图 2-23

现在运行工作流时，只能得到画面比较灰暗的生成结果，画风也与模型下载页的封面展
示效果相去甚远。首先，我们需要解决画面灰暗的问题。断开"Checkpoint 加载器"和"VEA
解码"节点的连接，在"VEA 解码"节点的输入端口拖出连线，创建"VAE 加载器"节点，
并在下拉菜单中选择 vae-ft-mse-840000-ema-pruned 模型，如图 2-24 所示。

图 2-24

再次生成图片后，就能得到正常的画面。画面灰暗的原因是大模型的 VAE 文件损坏了。
为了避免此问题，我们可以在所有工作流中都使用"VAE 加载器"节点。无论大模型的 VAE
文件是否完整，使用 Stable Diffusion 1.5 版大模型时都应加载 vae-ft-mse-840000-ema-
pruned，而使用 SDXL 版大模型时则加载 sdxl_vae_fp16fix。

在"Checkpoint 加载器"节点上右击，选择"添加 CLIP Skip"命令，然后在新建的节点中把"停止在 CLIP 层"参数设置为 -2，如图 2-25 所示。Checkpoint 加载器中除 VAE 外，还包括 CLIP 模型的输出端口。CLIP 模型是由很多层级组成的神经网络，层级越深，文本的准确性就越高。把"停止在 CLIP 层"设置为 -2，意味着让 CLIP 模型传递到倒数第二层时停止。

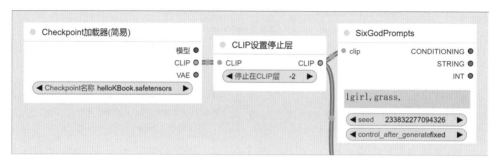

图 2-25

现在生成图片，效果如图 2-26 所示。当提示词较简单时，"停止在 CLIP 层"参数的效果不是很明显。然而，当输入的提示词较多或描述了多个颜色时，把该数值设置为 -2，既能得到匹配提示词的生成结果，又能避免可能出现的颜色混乱等问题。另外，只有使用 SD 1.5 模型时才需要添加"停止在 CLIP 层"节点，因为 SDXL 模型默认值已设置为 -2，所以无须添加此节点。

停止在 CLIP 层 =-1　　　　停止在 CLIP 层 =-2

图 2-26

在训练模型时，需要给图片打标签，以便 AI 知道图片上有哪些特征。Checkpoint 和 ora 模型是在底模的基础上进行微调的，因此在打标签时自然会受到底模的影响。为了避免 AI 产生混淆，需要使用一种特殊标签，即底模不认识的标签来区分想要表现的特征，这种特殊的标签就是触发词。在正向提示词中加入触发词 chibi 后，再次生成图片，大模型特有的画风就会充分体现出来，如图 2-27 所示。

随着下载的模型越来越多，我们可能无法记住所有模型的推荐设置和触发词。最方便的解决办法是每次下载一个大模型后，不要急于关闭下载页面，在"Checkpoint 加载器"节点上右击，选择 View Checkpoint info 命令。如果能连接到 Civitai 网站，就会自动读取模型的信息；如果连接不上，可以把下载页面中的作者推荐参数复制到文本框中，然后单击 Save 按钮，如图 2-28 所示。Lora 模型也可以用这种方法添加说明信息。

图 2-27   图 2-28

工作流复用是 ComfyUI 的一大特色。设置面板上只提供了最简单的保存和加载功能，随着工作流文件的增多，我们需要一个更好的管理工具。安装 ComfyUI Workspace Manager 后，界面的左上角会出现一个工具条。在工具条上给工作流命名，然后依次单击 File → Save 按钮保存文件，如图 2-29 所示。

单击工具条上的第一个按钮，所有创建和导入过的工作流都会显示在列表中。工作流生成的最后一张图片会成为工作流文件的预览图，如图 2-30 所示。列表中的工作流文件都保存在 ComfyUI 根目录下的 my_workflows 文件夹中，单击面板上方的 按钮可以直接打开文件夹。单击 按钮可以创建子文件夹，以文生图、图生图等分类管理工作流文件。

图 2-29   图 2-30

在默认设置下，每隔 3 秒就会自动保存画布中的工作流。单击列表右侧的 按钮，再次单击 按钮，可以锁定已创建完成的工作流。这样，以后对这个工作流进行的操作和测试就不会被自动保存覆盖，如图 2-31 所示。我们也可以单击 按钮复制一个工作流，或者单击 按钮在新页面中打开工作流。

调整节点或设置参数后，按 Ctrl+Z 键可以撤销上一步的操作。如果需要恢复到一段时间前的操作时，可以单击工具条上的 File 按钮，然后选择 Version History 命令，在弹出的面

板中进入 Change History 选项卡，这里显示了自动保存的历史记录，如图 2-32 所示。单击
File 按钮后选择 Versions 命令，可以手动添加记录点。

图 2-31   图 2-32

单击工具条上的  按钮，可以显示当前工作流生成过的图片以及图片的所有设置参数，
如图 2-33 所示。单击右上角的 Load 按钮，继续单击 Over write current workflow 按钮，就
能把生成的参数发送到当前的工作流上。

图 2-33

单击工具栏上的 Models 按钮，就能看
到已经安装的所有模型，通过面板上方的标
签可以切换不同类别的模型，如图 2-34 所示。
要显示出模型的预览图，需要下载或者生成
一张图片作为封面，并把封面图放到大模型
的安装路径中，然后将其文件名修改为与模
型文件相同的文件名。

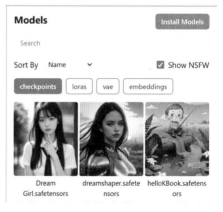

图 2-34

2.4 K 采样器参数详解

K 采样器是 Stable Diffusion 的核心功能组件，其中的参数选项虽然数量不多，但每个都能对生成结果产生重要影响。本节将详细介绍这些参数选项的具体作用和设置方法。

所需自定义节点	Efficiency Nodes
完成工作流文件	附赠素材/工作流/文生图_XY图表测试.json

K 采样器中的第一个参数是随机种子。随机种子的作用有两个，一是确定生成图片的外观，二是确保生成结果可以重现。大模型中包含海量的图像特征，随机种子相当于每个图像特征的唯一编码。随机种子不同，生成的图片也就不同。

在"运行后操作"下拉菜单中选择运行工作流后种子如何变化。在 WebUI 中，用户习惯生成满意的图片后锁定随机种子。而在 ComfyUI 中，工作流开始运行时种子值就会发生变化。要想获得生成结果的种子值，需要按快捷键 H，然后在设置面板的"历史"列表中加载生成结果。单击设置面板上的"设置"按钮，在"组件控制模式"下拉菜单中选择before，就能让生成结果和"K 采样器"节点中的种子值保持一致，如图 2-35 所示。

Settings	
保存工作流时是否需要填入文件名	☑
渲染节点阴影	☐
清理工作流时是否需要确认	☑
保存菜单位置	☐
轻量化图像组件中的预览图象, 如webp, jpeg等	
组件控制模式	before ∨
关闭	

图 2-35

需要说明的是，ComfyUI 的种子是在 CPU 上生成的，而 WebUI 的种子是在 GPU 上生成的，这使得 ComfyUI 的种子在不同的硬件配置之间可以复现，但与 WebUI 不兼容。也就是说，即使我们把 WebUI 或者模型网站中的提示词和设置参数全部复制到 ComfyUI 中，也无法生成完全相同的结果。

前面提到过，在 Stable Diffusion 生成图片的过程中需要不断去除噪声，每去除一次噪声，图片就会清晰一些。这个逐步去除噪声的过程就是采样，"步数"参数控制的就是采样次数。

为了更好地理解这个参数，我们先安装自定义节点 Efficiency Nodes，然后载入默认工作流，并把"K 采样器""VAE 解码"和"保存图像"节点删除。

在画布的空白处双击，搜索并添加"K 采样器（效率）""XY 图表"和"手动输入"节点。接下来，参照图 2-36 连接节点，这样一个测试参数的工作流就搭建好了。

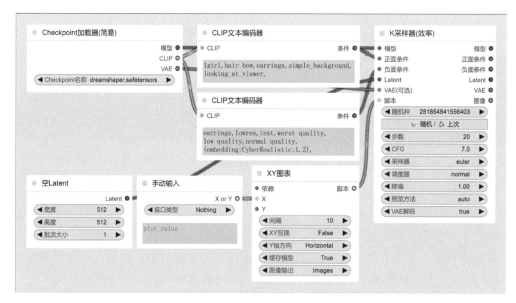

图 2-36

输入描述测试画面的提示词，在"手动输入"节点的下拉菜单中选择 Steps，在文本框中输入需要测试的采样步数，步数之间用分号隔开。按 Ctrl+Enter 键运行工作流，就能按照输入的采样步数分别生成图片，最后把所有图片拼合到一起，如图 2-37 所示。

图 2-37

仔细观察生成的结果可以发现，当采样步数达到 8 时，图片中的主体对象和基本构图就已经成型，剩下的步数主要是处理细节。采样步数达到 20 步后，图片的清晰已经足够，20 到 30 步之间仍然会有小幅度的变化。采样步数超过 30 后，除耳环等小细节外，其他部分几乎不会发生变化。

K 采样器中的 CFG 参数用于控制提示词对生成结果的影响程度。数值越大，生成结果与提示词的相关性越高，同时生成结果的饱和度和锐化程度也会增加。减小数值可以让 AI 有更多的发挥空间，但生成的内容可能会偏离提示词。在"手动输入"节点的下拉菜单中选择 CFG Scale，然后在文本框中输入测试数值，如图 2-38 所示。

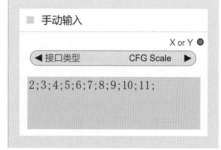

图 2-38

在生成结果中，CFG 数值在 6 和 8 之间可以得到最佳效果，超过这个区间后，生成结果就会出现失真，如图 2-39 所示。

图 2-39

ComfyUI 把 WebUI 中的采样方法拆分成"采样器"和"调度器"两个部分，两者组合起来构成去除噪波的算法。在"采样器"下拉菜单中提供了很多算法，算法名称后面带 ancestral 的是不收敛的祖先采样器，这种采样器每次采样都会在图片上添加噪声，因此具有更多的细节和随机性。而其他的收敛采样器随着采样步数的增加，最终会趋向一个固定的画面，更有利于图片的复现。

在画布空白处右击，依次选择"新建节点"→"效率节点"→"XY 输入"→"采样调度器"命令，然后把新建的节点连接到"XY 图表"节点的"Y"端口。在"采样调度器"节点中，

将"输入数量"参数设置为 2，在"采样器 _1"下拉菜单中选择 euler，在"采样器 _2"下
拉菜单中选择 euler_ancestral，如图 2-40 所示。

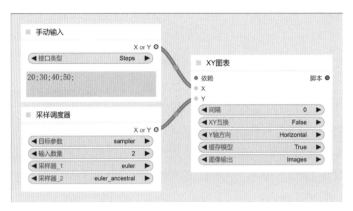

图 2-40

观察生成结果，使用收敛的 euler 采样器时，20 步后的采样只重画耳环。而使用不收敛
的 euler_a 采样器时，耳环和发带等细节在采样过程中会不断变化，如图 2-41 所示。

图 2-41

所有以 dpm 开头的采样器使用的是第二代算法，这些采样器能生成更高质量的图片，
但需要较高的采样步数。dpm 后面的 pp 等于 WebUI 中的 ++，表示这是经过改进的算法。
采样器名称后面带数字 2 表示采用了结果更准确的二阶算法，通过牺牲时间换取画面质量的
提升。数字 2 后面的 s 表示采样器在每次迭代中只执行一步，m 是 s 的升级版本，表示每次
迭代中可以执行多步。

调度器是采样器的一部分，负责控制采样过程中的时间步长。WebUI 默认采样器的全
称是 DPM++2MKarras，这里的 Karras 就是调度器。在 ComfyUI 提供的几个调度器中，
karras 和 normal 的通用性最好，而 dpm 系列的采样器只有使用 karras 调度器时才能获得理

想的效果。在 ComfyUI 中，dpmpp_2m 和 Karras 是最具性价比的组合，能够在生成高质量图片的同时，又不至于花费太长时间。

例如，当我们想使用质量更高的 dpmpp_3m_sde 采样器时，需要在"采样调度器"节点的"目标参数"下拉菜单中选择 sampler&scheduler，然后在两个"调度器"下拉菜单中选择 karras，如图 2-42 所示。

图 2-42

生成图片后可以发现，只有当采样步数高于 30 时，dpmpp_3m_sde 采样器才能获得正确的效果，而画面质量的提升并不明显，如图 2-43 所示。

图 2-43

每个大模型都会针对特定的采样算法进行训练。在实际应用中，我们会根据大模型作者给出的建议选择采样器。如果没有建议，可以使用 ComfyUI 的默认设置，或选择 dpmpp_2m 和 karras 的组合。

最后一个"降噪"参数用于设置去除噪声的程度。在常规的文生图流程中，修改这个参数没有明显意义。然而，当我们需要修复生成结果或进行图生图时，这个参数就类似于 WebUI 用户非常熟悉的"重绘幅度"。具体的使用方法将在第 3 章中详细介绍。

2.5 条件类节点的运用

WebUI 中有一些特殊语法，例如融合语法、分步绘制语法、打断语法等。如果要在 ComfyUI 中实现这些语法的效果，需要经过条件节点进行中转，不能直接在提示词中输入。本节将介绍几种条件节点和 ELLA 模型的使用方法。

所需自定义节点	ComfyUI_ELLA
完成工作流文件	附赠素材/工作流/文生图_条件节点.json 附赠素材/工作流/文生图_ELLA.json

我们以融合语法为例。当我们想把猫和狗的特征融合到一起时，在 WebUI 中可以直接输入提示词 cat AND dog。在 ComfyUI 中，要实现相同的效果，需要复制一个正向提示词的"CLIP 文本编码器"节点，然后在画布的空白处右击，依次选择"新建节点"→"条件"→"条件平均"命令。接下来，把两个"CLIP 文本编码器"节点连接到"条件平均"节点，并把"条件平均"节点连接到"K 采样器"节点，如图 2-44 所示。

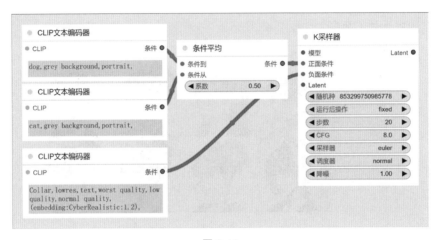

图 2-44

分别在两个正向提示词节点中输入 dog 和 cat。在"条件平均"节点上设置"系数"参数为 0.5，就能生成猫狗特征混合的图片。通过调整"系数"，可以控制生成结果更偏向猫还是更偏向狗，如图 2-45 所示。

系数 =0.7　　　　　　系数 =0.5　　　　　　系数 =0.3

图 2-45

　　分步绘制语法可以精确控制画面中某些元素的生成顺序，进而影响元素在画面中的占比或作用程度。例如，画山脉和湖水时，在 WebUI 中可以输入 [mountain:lake:0.7]，表示前 70% 的采样进度画山脉，采样进度达到 70% 后才开始画湖水，这样可以减少湖水的占比，让画面以山脉为主。

　　在 ComfyUI 中，我们需要在画布的空白处右击，依次选择"新建节点"→"高级"→"条件"→"设置条件时间"命令来创建节点。然而再次右击，依次选择"新建节点"→"条件"→"条件合并"命令。复制正向提示词的"CLIP 文本编码器"节点和"设置条件时间"节点，然后参照图 2-46 所示的方式连接这些节点。

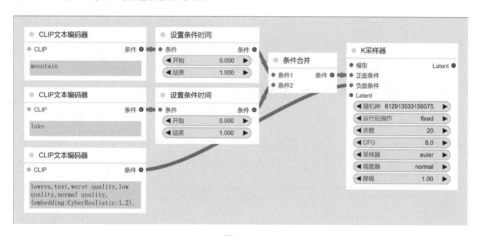

图 2-46

　　分别在两个正向提示词节点中输入 Mountain 和 lake 后生成图片，此时湖水和山脉会占据大致相同的画面比例。通过在连接提示词 Mountain 的"设置条件时间"节点上降低"开始"参数的数值，可以减少山脉的画面占比。相反，增加"开始"参数的数值，则会增加山脉的画面占比，如图 2-47 所示。

开始 =0　　　　　　　　　开始 1=0.7　　　　　　　　开始 2=0.3

图 2-47

利用条件节点,还能控制画面中各个元素的尺寸大小和位置。在"空 Latent"节点中,把"宽度"设置为 680,在正向提示词中输入 meadow。在画面的空白处双击,搜索并添加"条件采样区域"节点,将新建节点的"宽度"参数设置为 680,"高度"参数设置为 512,如图 2-48 所示。

图 2-48

复制两个正向提示词的"CLIP 文本编码器"节点和"条件采样区域"节点,然后继续创建两个"条件合并"节点,按照图 2-49 所示,把这些节点连接起来。

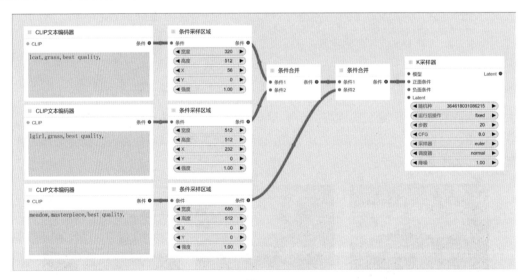

图 2-49

在第二个正向提示词中输入 1girl,并在与之连接的"条件采样区域"节点中把"宽度"和"高度"参数设置为 512,以确定生成女孩的区域大小。把 X 参数设置为 232,使女孩偏向画面的右侧。在第三个正向提示词中输入 1cat,并在与之连接的"条件采样区域"节点中把"宽度"参数设置为 320，"高度"参数设置为 512，X 参数设置为 50。这样，女孩和猫的大小与位置就会固定下来了，生成的结果如图 2-50 所示。

如果想让猫小一些，只需把"宽度"参数设置为 320，然后通过 X 和 Y 参数调整猫的位置，就能得到预期的效果，如图 2-51 所示。

图 2-50

图 2-51

描述多种颜色时，提示词之间可能会出现相互污染的问题。例如，我们想画一个戴着黄色帽子、系着红色围巾，穿着白色外套的女孩。如果直接输入这些提示词，AI 往往难以区分每种颜色对应的具体元素，可能出现颜色分配错误或某种颜色占据主导地位的现象，如图 2-52 所示。

图 2-52

在 WebUI 中，使用全部大写的 BREAK 来打断组词，可以在一定程度上降低提示词污染的发生概率。在 ComfyUI 中，我们可以复制一个正向提示词节点，新建一个"条件合并"节点，并将两个正向提示词节点连接起来。然后，把提示词中的 Yellow woolen hat 剪切到复制的节点中，这样可以获得更好的打断效果，如图 2-53 所示。

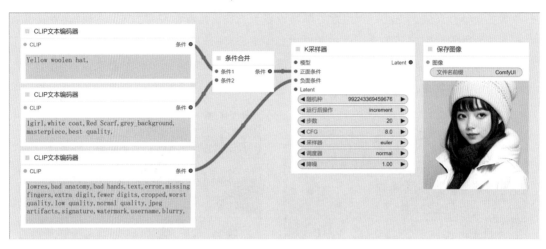

图 2-53

　　当然，提示词污染的问题主要源于训练模型时的分词机制。在 SD 1.5 模型的框架下，即便使用条件合并节点，也只能稍微降低出现问题的发生概率。例如，在生成 10 张图片中，大概只有两三张符合描述。目前比较理想的解决方案是安装自定义节点 ComfyUI_ ELLA。ELLA 是腾讯开发的增强语义对齐模型，它在处理复杂提示词的长文本输入时，能够大幅降低提示词污染的问题，从而生成更符合语义描述的图像。

　　要使用ComfyUI_ ELLA，首先新建一个默认工作流，并删除两个"CLIP文本编码器"节点。在画布的空白处双击，搜索并添加"ELLA 文本编码"节点。在新建的节点上右击，依次选择"转换为输入"→"转换 Sigma 为输入"命令。然后把输出端口连接到"K 采样器"节点，再按 Ctrl+C 键复制节点，并按 Ctrl+Shift+V 键粘贴节点，如图 2-54 所示。

图 2-54

继续搜索并添加"加载 ELLA"和"获取 Sigma"节点，把这两个新建节点的输出端口分别连接到两个"ELLA 文本编码"节点。同时，把"Checkpoint 加载器"节点的"模型"端口连接到"获取 Sigma"节点，如图 2-55 所示。

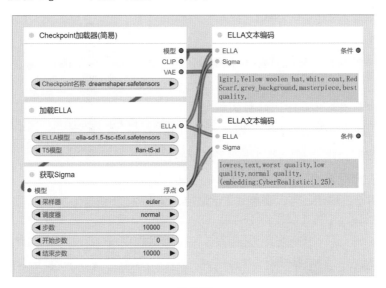

图 2-55

至此，ELLA 工作流就搭建完成了。运行工作流，大部分的生成结果都符合提示词的描述，如图 2-56 所示。

图 2-56

2.6 创建自定义节点组

ComfyUI 就像是一台始终处于零件状态的机器。通过节点组功能，我们可以创建自定义节点，把一部分零件"封装"到一起，这样既有利于集中设置参数选项，同时也能减少界面的混乱程度。

载入前面搭建的"文生图 _SD1.5 加强"工作流，按住 Ctrl 键的同时选中"K采样器"和"空 Latent"节点。在节点上右击，选择"转换为节点组"命令，在弹出的窗口中输入节点组的名称后，单击"确定"按钮，这两个节点就会合并到一起，如图 2-57 所示。

在合并的节点组中，所有参数选项都显示为英文。在节点组上右击，选择 Manage Group Node 命令。在设置窗口的"组件"选项卡中输入参数的中文名称，单击"保存"按钮，即可恢复中文显示，如图 2-58 所示。

取消勾选 Visible 复选框，可以隐藏节点上的参数选项。在窗口的左侧可以切换到不同的节点，按住节点名称前方的按钮后上下拖动，可以调整节点的顺序，如图 2-59 所示。

图 2-57

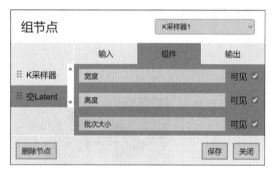

图 2-58

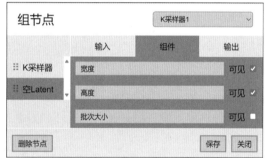

图 2-59

在画布的空白处右击，在"新建节点"→ group nodes/workflow 菜单中，可以看到之前创建的节点组。不过，这个菜单仅在当前工作流中可用，新建工作流后该菜单会消失。如果希望在其他工作流中调用自定义节点组，可以在节点组上右击，选择 Save As Component 命令。在 Prefix 文本框中输入节点组的前缀，然后单击"保存"按钮，如图 2-60 所示。

在画布的空白处右击，选择"新建节点"→ group nodes/components 菜单选项，即可看到自定义节点组。

按住 Ctrl 键的同时选中"VAE 解码""VAE 加载器"和"保存图像"节点，使用相同的方法把三个节点合并到一起，如图 2-61 所示。在节点上右击，选择"转换为节点"命令，即可把合并的节点恢复为合并前的状态。

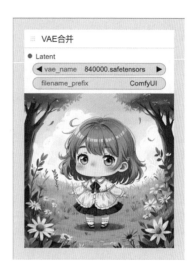

图 2-60   图 2-61

"Checkpoint 加载器"和"CLIP 设置停止层"节点也可以合并到一起,这样可以使整个工作流更加简洁,设置参数时也更加方便,如图 2-62 所示。

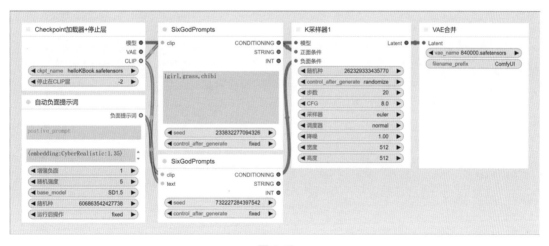

图 2-62

我们已经安装了自定义节点 Efficiency Nodes。为了进一步精简节点,可以依次选择"新建节点"→"效率节点"→"加载器"→"效率加载器"和"新建节点"→"效率节点"→"采样"→"K 采样器(效率)"命令。把这两个节点的端口连接到一起,然后创建一个"保存图像"节点。这样,只需这三个节点即可实现文生图的所有功能,同时不影响工作流的扩展,如图 2-63 所示。

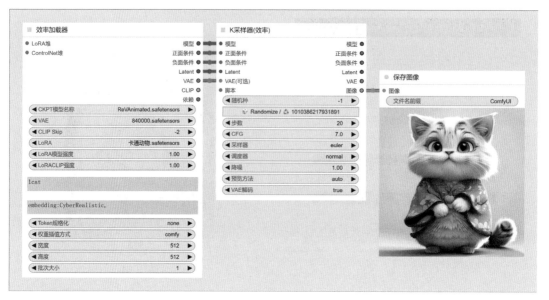

图 2-63

第 **3** 章 Chapter

进阶文生图工作流

Stable
Diffusion-ComfyUI
AI 绘画工作流解析

通过第 2 章的学习，我们已经可以搭建简单的工作流并顺利生成图片了。相信不少读者在经历了初期的新鲜期后，已经感受到绘制出一张好图的不易。尽管我们偶尔会生成一张在各方面都令人满意的图片，但在细节上常常还会出现一些令人不悦的瑕疵。那么，如何修复这些有问题的图片呢？是否有可能将满意的生成结果提升为高清大图？是否存在更高效的方法，能够直接获得无须后期修复的高清图片？这些问题正是本章将要探讨和学习的重点。

▦ 3.1 附加高清修复流程

使用 SD 1.5 大模型时，最有效率的出图流程是把生成尺寸的短边设置为 512 像素，然后不断生成图片，直到得到满意的效果图后锁定随机种子，最后用高清修复节点放大图片。之所以不直接生成大尺寸的图片，主要有两个原因：一是小尺寸图片的生成速度快，可以节省"抽卡"的时间；二是 SD 1.5 模型是基于 512×512 分辨率的图片训练的，所以选择这个分辨率才能得到最佳效果。如果直接增大生成尺寸，AI 可能会将图片视为拼接的，从而导致出现多人、多余的肢体和身体比例变形等现象。

完成工作流文件	附赠素材/工作流/文生图_高清修复.json

在 ComfyUI 中，有两种放大生成结果的方法。第一种是在潜空间中放大图片，相当于 WebUI 中的高清修复。其原理是用潜空间中的生成结果代替"空 Latent"节点作为输入，在 K 采样器中重新生成一次高分辨率版本的图片。这种方法的优点是放大图片的同时还能修复画面中的细节，缺点是生成的速度比较慢。

新建一个默认工作流，在"空 Latent"节点中将"高度"参数设置为 680，选择一个大模型后，根据需要输入正向和反向提示词，如图 3-1 所示。

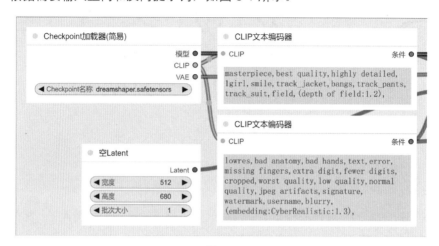

图 3-1

在"K 采样器"节点的"采样器"下拉菜单中选择 dpmpp_2m，在"调度器"下拉菜单中选择 karras，并将"步数"参数设置为 30。按 Ctrl+Enter 键生成图片，得到满意的效果图后，在"K 采样器"的"运行后操作"菜单中选择 fixed 选项，如图 3-2 所示。

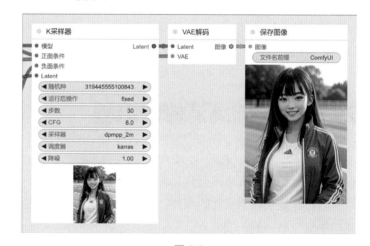

图 3-2

在"K 采样器"节点下方可以看到潜空间中的去噪结果。接下来，把这个未经解码的图片放大，然后像"空 Latent"节点那样，将它作为生成图片的条件发送到另一个"K 采样器"中，重新进行一次去噪。

在"K 采样器"节点上右击，选择"添加高清修复"命令。调整一下节点的位置，把第二个"K 采样器"的输出端口连接到"VAE 解码"节点，如图 3-3 所示。

由于用"Latent 缩放"节点调整图片的放大尺寸不是很方便，我们可以使用"Latent 按系数缩放"节点替换，如图 3-4 所示。

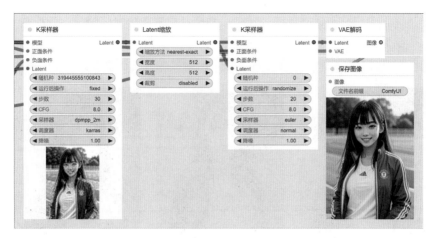

图 3-3

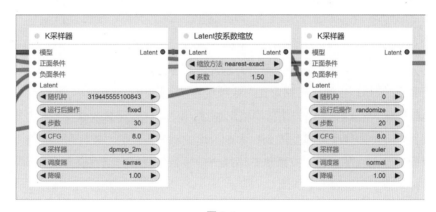

图 3-4

如果现在运行工作流，虽然放大后的图片清除和细致了许多，但内容可能会发生显著的改变，如图 3-5 所示。

图 3-5

只要降低第二个"K采样器"的"降噪"参数，就能减小变化幅度，如图3-6所示。一般来说，这个数值应设置在0.4到0.6这个区间。数值过低会因为采样不足而导致细节部分变得模糊；而数值过高则会添加过多细节，让不合理的地方变得更多。

降噪=0.3　　　　降噪=0.5　　　　降噪=0.7

图3-6

第二种方法是用算法放大像素空间中的图片。这种方法速度很快，而且不会更改图片上的细节，相当于WebUI中的"后期处理"选项卡。

从"VAE解码"节点的"图像"端口中拖出连线，松开鼠标后，依次选择"新建节点"→"图像"→"放大"→"图像通过模型放大"命令。通过新建节点的"放大模型"端口创建"放大模型加载器"节点，然后在下拉菜单中选择一个模型。最后，把"放大模型加载器"节点和"保存图片"节点连接起来，如图3-7所示。

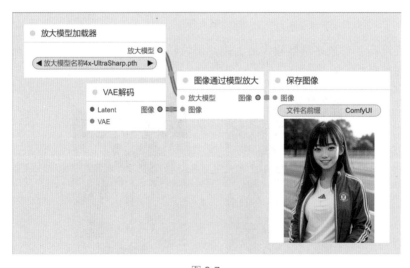

图3-7

放大模型中的 4x 表示放大 4 倍。在"Latent 按系数缩放"节点中设置"系数"为 2，并在"放大模型加载器"节点中选择 4x-UltraSharp 模型，就能把图片放大到 4096×5440 像素，足以满足海报设计、喷绘、印刷等需求。

在放大模型中，4x-UltraSharp 和 ESRGAN_4x 会在放大图片的同时进行一定程度的锐化，特别是 ESRGAN_4x 模型，其锐化效果较为明显。相比之下，BSRGAN 模型使用的双线性插值算法会考虑周围像素的值，但放大的图片可能出现涂抹感。DAT 系列是新出的模型，它放大的质量明显优于前面介绍的几个模型，但缺点是计算速度较慢。

🏁 3.2 优化整理节点和布线

串接了高清修复和二次放大后的工作流可能会显得有些混乱。在实际操作中，我们经常需要频繁地启用或忽略不同的节点。如果我们要创建更复杂的工作流，仍然采用这种直线排列、随意摆放的方式，那么即便是自己创建的工作流，也可能需要花费一些时间来研究，才能理解各部分的功能。因此，归纳和整理工作流的能力同样重要。本节将安装一些用于布线和控制开关的自定义节点，这将使工作流看起来更加有序，并使操作变得更加简单。

所需自定义节点	Use Everywhere和rgthree's ComfyUI Nodes
完成工作流文件	附赠素材/工作流/文生图_布线优化.json

载入 3.1 节搭建的高清修复工作流。这个工作流可以分成"文生图""高清修复"和"二次放大"三个模块。我们首先使用分组把这三个模块的节点区分开来。在画布的空白处右击，选择"新建分组"命令，把分组命名为"文生图"。接着，拖动分组的右下角调整大小，然后把"Checkpoint 加载器""CLIP 文本编码器""空 Latent"和第一个"K采样器"节点拖到该分组中，如图 3-8 所示。

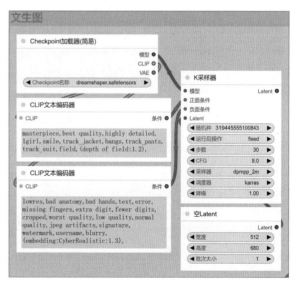

图 3-8

再创建一个分组，命名为"高清修复"，然后把"Latent按系数缩放"和第二个"K 采样器"节点拖到该分组中。接着，创建一个名为"二次放大"的分组，把"放大模型加载器"和"图像通过模型放大"节点拖到该分组中，如图 3-9 所示。

在画布的空白处右击，依次选择"新建节点"→"RG 节点"→"忽略多组"命令创建一个节点。在抽卡阶段，只需单击"忽略多组"节点中的圆形按钮，

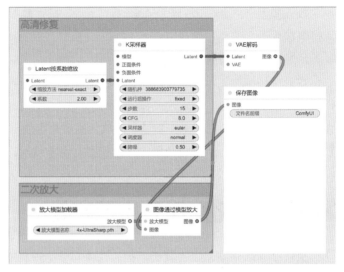

图 3-9

即可忽略"高清修复"和"二次放大"组中的所有节点，如图 3-10 所示。获得满意的效果图后，锁定第一个"K 采样器"中的随机种子，开启"高清修复"组，再次运行工作流。如果还需要进行二次放大，则继续开启"二次放大"分组，整个过程既高效又流畅。

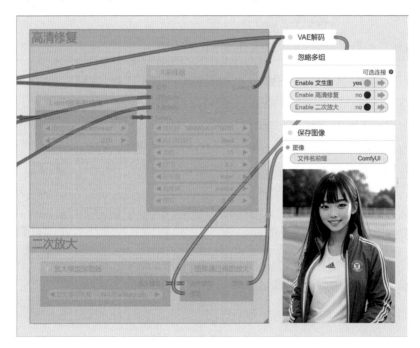

图 3-10

调整节点后的连线可能会比较混乱。我们可以在画布的空白处右击，依次选择"新建节点"→"全局输入"→"全局输入 3"命令。断开"Checkpoint 加载器"节点的所有输出端口，然后把三个端口连接到"全局输入 3"上，如图 3-11 所示。此时，工作流中的所有"模型""CLIP"和"VAE"的输入端口都变成高亮显示，表示它们已经远程连接好了。

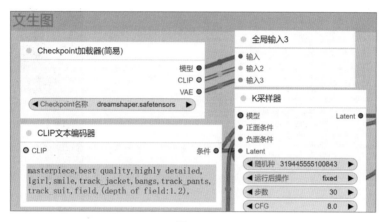

图 3-11

两个"CLIP 文本编码器"节点的输出端口可以用"全局提示词"节点进行转接，如图 3-12 所示。这样，整个工作流中的连线就变得非常简洁。

在画布的空白处右击，依次选择"新建节点"→"全局输入"→"全局输入"命令。断开"VAE 解码"节点的输出端口，并将其连接到新建的节点。然后删除"保存图像"节点。在画布的空白处右击，依次选择"新建节点"→"RG 节点"→"图像对比"命令创建一个节点。把"图像通过模型放大"节点的输出端口连接到新建节点的 image_b 端口上，如图 3-13 所示。

在画布的空白处右击，选择"显示全局输入连线"命令，可以查看远程连接的连线；选择

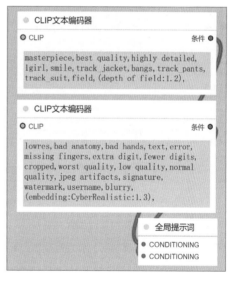

图 3-12

"将全局输入连线转为实际连线"命令，则可以恢复实际连线。

对图片进行二次放大后，在"图像对比"节点上左右移动光标，可以查看放大前后的对比效果，如图 3-14 所示。需要注意的是，"图像对比"节点和"预览节点"一样，只能把图片保存在 ComfyUI 根目录下的 temp 文件夹中，在重新运行 ComfyUI 后，图片将会被删除。

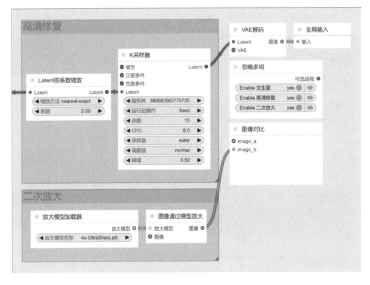

图 3-13

图 3-14

3.3 修复面部崩坏问题

Stable Diffusion 会根据画面元素的面积大小分配像素。当角色距离镜头较远时，脸部和手部因为面积太小，可能无法分配到足够多的像素，从而出现垮塌和崩坏的现象。我们可以利用自定义节点 Impact Pack，像 WebUI 中的 After Detailer 那样修复面部和手部。

所需自定义节点	ComfyUI Impact Pack
完成工作流文件	附赠素材/工作流/文生图_面部修复.json

新建一个默认工作流，在"空 Latent"节点中把"高度"参数设置为 680。选择大模型后，输入提示词，如图 3-15 所示。由于这个工作流也比较复杂，我们首先为"Checkpoint 加载器"和"CLIP 文本编码器"节点创建全局节点。

在"K 采样器"节点的"采样器"下拉菜单中选择 dpmpp_2m，在"调度器"下拉菜单中选择 karras，并将"步数"参数设置为 30。按 Ctrl+Enter 键生成图片，"抽取"到一张满意的效果图后锁定种子，如图 3-16 所示。

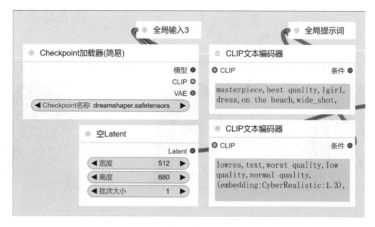

图 3-15

图 3-16

按照高清修复的流程，在"K采样器"节点后面创建"Latent 按系数缩放"和另一个"K采样器"节点，如图 3-17 所示。

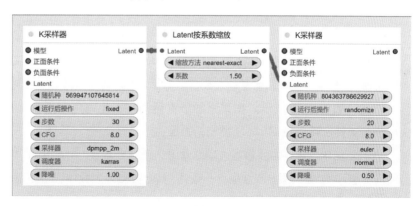

图 3-17

1.5 倍高清修复只能略微改善崩坏的面部，如图 3-18 所示。当崩坏情况特别严重时，即使采用 2 倍高清修复也无法彻底解决问题。

未修复　　　　　　　　　　1.5 倍修复　　　　　　　　　　2 倍修复

图 3-18

在画布的空白处右击，依次选择"新建节点"→"Impact 节点"→"简易"→"面部细化"命令。接下来，把"VAE 解码"节点和"保存图像"节点连接到新建的"面部细化"节点，如图 3-19 所示。

图 3-19

从"面部细化"节点的"BBox 检测"端口拖出连线，松开鼠标后，依次选择"新建节点"→"Impact 节点"→"检测加载器"命令。从"SAM 模型"端口拖出连线，添加"SAM 加载器"节点，如图 3-20 所示。如果添加节点后画布出现无法拖动的现象，那么需要先安装缺失的模型文件，然后按 Ctrl+R 键刷新页面。

"面部细化"节点中的参数选项非常多，但除"步数""CFG""采样器"和"调度器"参数应尽量和"K 采样器"节点保持一致外，其余参数大多数情况下不需要修改，保持默认即可。在"检测加载器"节点的下拉菜单中，bbox/face_yolov8m 模型用于检测面部区域，bbox/hand_yolov8m 模型用于检测手部区域，segm/person_yolov8m-seg 模型用于检测身体区域。

图 3-20

根据需要在选择检测模型后运行工作流，"面部细化"节点将会检测图片中的面部区域，然后用更高的分辨率重画一遍，修复前后的效果对比如图 3-21 所示。

从"面部细化"节点的"细化部分"端口拖出连线，创建"预览图像"节点，这样可以查看面部的重绘区域，如图 3-22 所示。

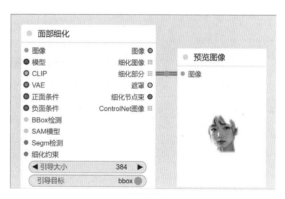

图 3-21   图 3-22

在"面部细化"节点中，有一个文本框，可以在这里输入提示词，以修改角色的表情，或添加眼镜、口罩等物品，如图 3-23 所示。

我们还可以在按住 Ctrl 键的同时选中"面部细化""检测加载器""SAM 加载器"和"保存图像"节点。在画布的空白处右击，选择"存储选中为模板"命令，在弹出的对话框中输入模板名称后单击"确定"按钮。在其他工作流中需要修复面部时，可以在画布的空白处右击，在"节点预设"菜单中选择模板名称，即可载入模板中包含的所有节点及其设置参数，如图 3-24 所示。

图 3-23

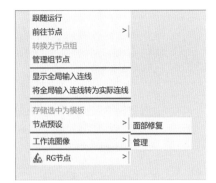

图 3-24

3.4 SDXL 和 Refiner 工作流

SDXL 是继 SD 1.5 和 SD 2.1 之后发布的大模型，参数总量达到百亿级别，在画面质量和提示词的理解能力等方面都有了质的提升。本节将介绍 SDXL 大模型的特点和运用技巧。

完成工作流文件	附赠素材/工作流/文生图_SDXL+Refiner.json 附赠素材/工作流/文生图_效率节点.json

与目前应用广泛的 SD 1.5 大模型相比，SDXL 主要有 4 个方面的优势。首先 SDXL 模型使用 1024×1024 像素的图片进行训练，比 SD 1.5 模型增加了一倍，使我们无须逐级修复和放大就能得到照片级的高清图片，如图 3-25 所示。

图 3-25

其次，SDXL 提升了识别自然语言的能力，大多数情况下可以直接用长句子描述想要的内容和画风。

再次，用 SDXL 生成图片时，只需在提示词中输入艺术风格和艺术形式，或者艺术家的名字，就能得到对应的画风。这就意味着我们无须下载大量画风类的 Lora 模型，生成图片的过程会变得更加轻松，如图 3-26 所示。

图 3-26

最后，也是最重要的一点，在之前所有的版本中，绘制手部一直是最令用户头痛的难题。虽然出现了各种插件和修复手段，但仍然无法从根本上解决问题。在 SDXL 中，虽然还不能 100% 画出完美的手部，但出错的概率已经大幅降低,特别严重的畸形基本不会再出现，如图 3-27 所示。

图 3-27

SDXL 有两种文生图流程：第一种是在默认工作流中选择 SDXL 版的大模型，然后把生成尺寸的宽度或高度设置为 1024，其余的参数设置和 1.5 版模型没有区别；第二种是在默认工作流的基础上挂载 Refiner 模型，Refiner 模型相当于 SDXL 版的高清修复，可以对画面中细节丰富的区域进行额外计算，从而生成更精细、合理的图片。

新建一个默认工作流，用"K 采样器（高级）"节点替换"K 采样器"节点，依次把"步数"参数设置为 30，把 CFG 参数设置为 7，在"采样器"菜单中选择 dpmpp_2m_sde，在"调度器"菜单中选择 exponential。选择一个 SDXL 版的大模型后，输入提示词，按 Ctrl+Enter 键测试工作流的运行效果，如图 3-28 所示。

按住 Alt 键复制"Checkpoint 加载器"和"K 采样器（高级）"节点，在复制的"Checkpoint 加载器"节点中加载 sd_xl_refiner 模型。在画布的空白处右击，依次选择"新建节点"→"高级"→"条件"→"CLIP 文本编码 SDXL（Refine）"命令，创建两个节点。先把两个 K 采样器节点的 Latent 端口连接起来，然后参照图 3-29 连接其他节点。这样我们就把两个文生图流程串联起来了：第一个流程加载 SDXL 大模型，第二个流程加载修复模型。

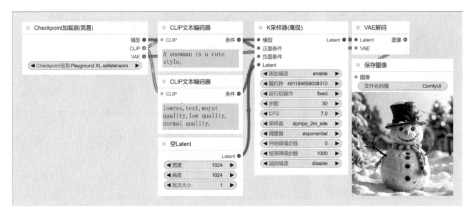

图 3-28

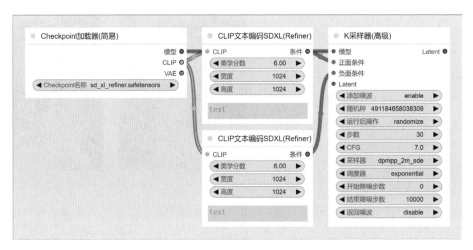

图 3-29

分别在 4 个 CLIP 文本编码节点上右击，依次选择"转换为输入"→"转换文本为输入"命令。在画布的空白处右击，依次选择"新建节点"→"实用工具"→"Primitive 元节点"命令，然后复制三个元节点。接着，把第一个元节点连接到两个正向提示词节点，把第二个元节点连接到两个反向提示词节点，让 4 个 CLIP 编码器节点使用同一组正向和反向提示词，如图 3-30 所示。

在第一个 K 采样器节点上右击，依次选择"转换为输入"→"步数"和"转换为输入"→"结束降噪步数"命令。在第二个 K 采样器节点上右击，依次选择"转换为输入"→"步数"和"转换为输入"→"开始降噪步数"命令。把第三个元节点连接到两个 K 采样器的"步数"端口上，把第四个元节点连接到两个 K 采样器的"结束降噪步数"和"开始降噪步数"端口上，如图 3-31 所示。

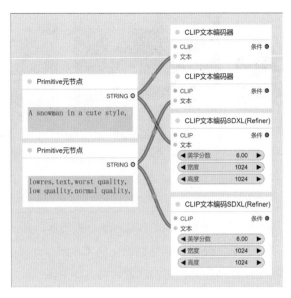

图 3-30

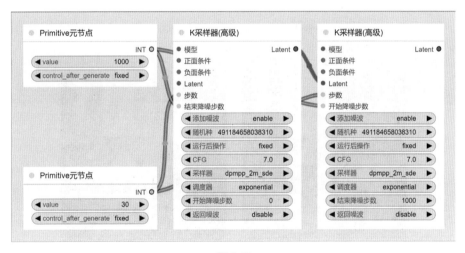

图 3-31

在正向提示词的"CLIP 文本编码 SDXL（Refine）"节点中把"美学分数"设置为 6，在反向提示词的节点中把"美学分数"设置为 2。这两个参数专用于 Refiner 工作流，正向提示词美学分数越高，反向提示词的美学分数越低，得到的画面效果看起来越好。

在连接步数的元节点中，把 value 参数设置为 30，也就是采样的总步数。在连接降噪步数的元节点中，把 value 参数设置为 25，这意味着大模型采样进行到 25 步时停止，剩余的 5 步由 Refiner 模型接手。这个参数越小，Refiner 模型产生的影响越大，如图 3-32 所示。

无 Refiner	开始降噪步数 =25	开始降噪步数 =20

图 3-32

多测试几组图片可以发现，使用官方的 SDXL_base 模型时，Refiner 模型确实可以发挥一定的美化和修复的作用。但是，使用一些经过优化的 Checkpoint 模型时，Refiner 流程起到的作用非常小，有时甚至还会出现负优化的现象。

现在已经很少有人使用官方模型，所以 Refiner 流程在修复和美化方面的意义已经不大。这套流程更大的作用是实现两种模型混合的效果。例如，在第一个加载器中使用卡通风格的大模型，在第二个加载器中使用真实风格的大模型，就能在卡通图片中添加真实风格的细节，或者实现两种画风融合的效果，如图 3-33 所示。

图 3-33

Refiner 工作流的创建比较烦琐，理解了工作流的原理后，在实际应用中，我们可以使用自定义节点 Efficiency Nodes 提供的便捷方案。在画布的空白处右击，依次选择"新建节点"→"效率节点"→"加载器"→"效率加载器（SDXL）"命令创建节点。从"SDXL 元组"端口拖出连线，创建"K 采样器（SDXL 效率）"节点。继续创建"保存图像"节点，然后把所有端口连接起来。

在"效率加载器（SDXL）"节点中选择大模型后，输入提示词，接着在"K 采样器（SDXL

效率）"节点中设置采样步数后，并选择采样器和调度器，就能按照常规流程出图，如图 3-34
所示。

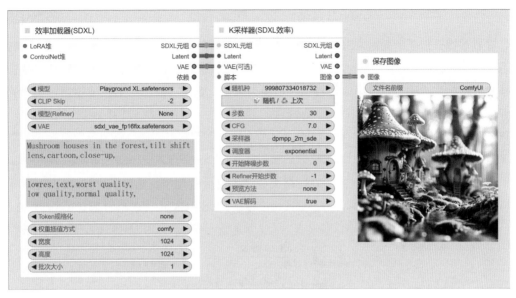

图 3-34

需要开启 Refiner 流程时，只需在"效率加载器（SDXL）"节点的"模型（Refiner）"
菜单中加载模型，然后在"K 采样器（SDXL 效率）"节点中设置"Refiner 开始步数"即可，
如图 3-35 所示。

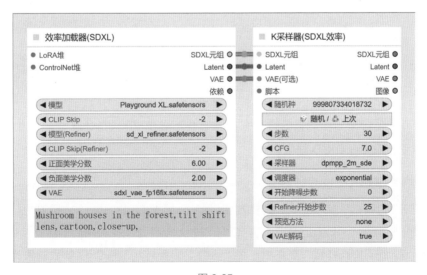

图 3-35

3.5 超级加速 SDXL 模型

在显著提升画质的同时，SDXL 模型也会成倍增加图片的生成时间。为了解决这个问题，先后出现了 LCM、Turbo、Lightning、Hyper-SD 等加速方式。这几个加速模型只需很少的采样步数就能生成图片，以小幅牺牲图片质量为代价，数倍提高图片的生成速度，使得普通显卡也能在几秒内生成高清图片。

完成工作流文件	附赠素材/工作流/文生图_SDXL加速.json

在默认工作流中，选择一个 SDXL 版大模型，将生成尺寸设置为 1024×1024，输入测试提示词后生成图片，如图 3-36 所示。在默认设置下，3060 12GB 显卡的计算时间约为 16 秒。

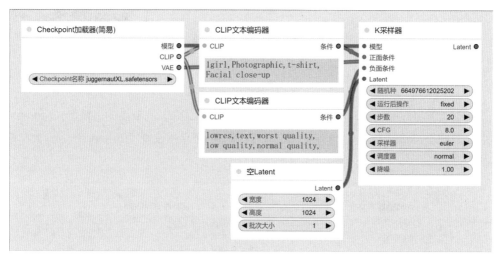

图 3-36

接下来介绍三种常用的加速方式，分别是清华大学推出的 LCM 模型、字节跳动推出的 Lightning 模型以及 Hyper-SD 模型。

1 清华大学推出的 LCM 模型

选中所有节点后，按 Ctrl+C 键复制工作流，再按 Ctrl+Shift+V 键粘贴工作流。在"Checkpoint 加载器"节点上右击，选择"添加 LoRA"命令，在新建的节点中加载 lcm_lora_sdxl 模型。在"K 采样器"节点中，将"步数"设置为 8，将 CFG 参数设置为 2，在"采样器"菜单中选择 lcm，在"调度器"菜单中选择 sgm_uniform，如图 3-37 所示。

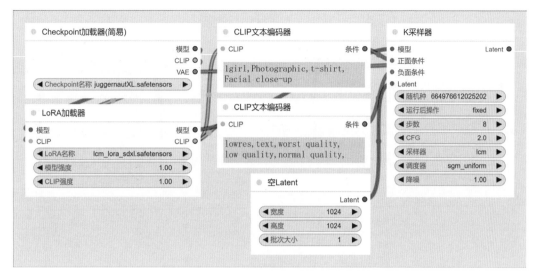

图 3-37

运行工作流，生成图片的时间约为 7 秒。接着把 CFG 参数设置为 1，于是可以在 4 秒左右生成画质降低的图片，如图 3-38 所示。

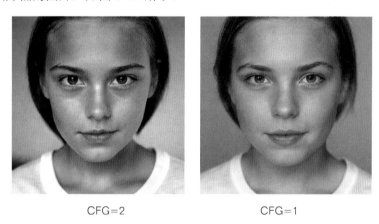

CFG=2   CFG=1

图 3-38

2 字节跳动推出的 Lightning 模型

这种模型在 SDXL 模型的基础上使用了渐进式对抗蒸馏法，需要下载专门训练的大模型。

复制一个工作流，在"Checkpoint 加载器"节点上加载 Lightning 模型。在"K 采样器"节点中，依次把"步数"设置为 8，把 CFG 参数设置为 1，在"采样器"菜单中选择 euler_ancestral，在"调度器"菜单中选择 sgm_uniform，如图 3-39 所示。

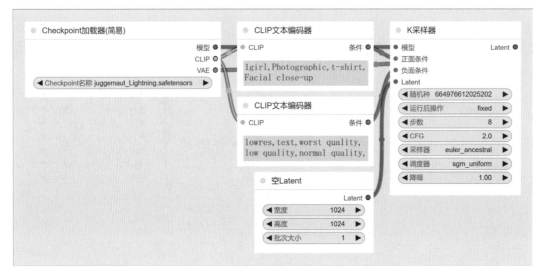

图 3-39

Lightning 模型能在 4 秒左右生成图片。如果把 CFG 参数设置为 2，计算时间会增加到 7 秒，但会出现过拟合的现象。把 CFG 参数设置为 1.5 时，画面的质量最高，如图 3-40 所示。

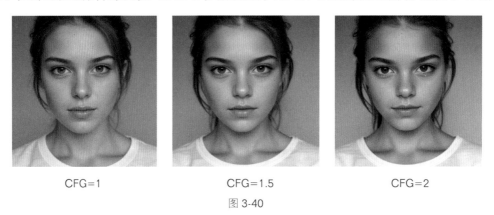

CFG=1　　　　　　　　CFG=1.5　　　　　　　　CFG=2

图 3-40

Lightning 模型的计算速度快，生成结果的质量也很高，但这种专门训练的模型数量较少。为了解决这一问题，出现了基于 LoRA 的加速方式，可以像 LCM 加速那样挂载到任意大模型上。Lightning 提供了 2 步、4 步和 8 步出图的 LoRA 模型。相对而言，8 步出图的模型在生成时间和画质方面的平衡性最佳，而低步数的模型更适合用来生成动画或者实现实时手绘生图等效果。

复制前面搭建的 LCM 加速工作流，在"LoRA 加载器"节点中加载 sdxl_lightning_8step 模型，在"K 采样器"节点的"采样器"菜单中选择 euler_ancestral，如图 3-41 所示。

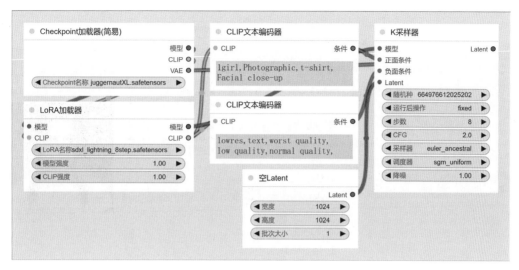

图 3-41

测试后发现，lightning_lora 在 CFG 数为 1 时画质最佳，生成图片的时间约为 5 秒，如图 3-42 所示。

3 Hyper-SD 模型

该模型是 Lightning 团队新推出的加速方式，使用方法和 Lightning_lora 完全相同。测试结果显示，Hyper-SD 在 CFG 参数为 1 时画质最佳（见图 3-43），生成图片的时间同样在 5 秒左右。与 Lightning_lora 相比，Hyper-SD 的生成结果更为锐利，效果也更接近基底模型。

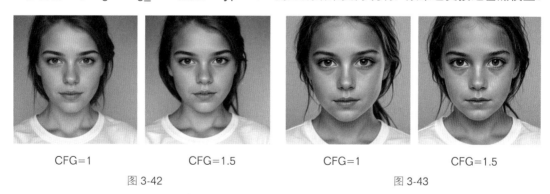

| CFG=1 | CFG=1.5 | CFG=1 | CFG=1.5 |

图 3-42   图 3-43

Hyper-SD 在 2 步、4 步和 8 步的基础上，还提供了可以一步出图的大模型和 LoRA 模型。只需在默认工作流中加载 Hyper-SDXL-1step 大模型，在"K 采样器"节点中依次把"步数"设置为 2，把 CFG 参数设置为 1，即可实现 1 秒出图，如图 3-44 所示。虽然画质较低，但对于实时手绘和动画生成具有重要意义。

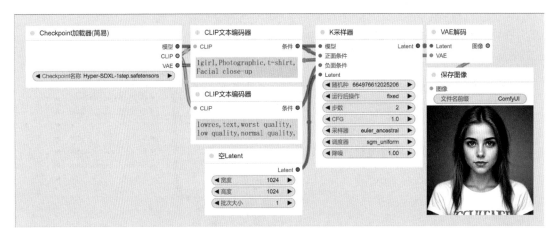

图 3-44

最后，我们挖掘一下 SDXL 模型的潜力，体验一下高画质和高速度的魅力。在 Hyper-SD 加速工作流中，把提示词改写成面部特写，把 CFG 参数设置为 1.2。断开正向提示词节点的输出端口，然后将它连接到"全局输入"节点，如图 3-45 所示。

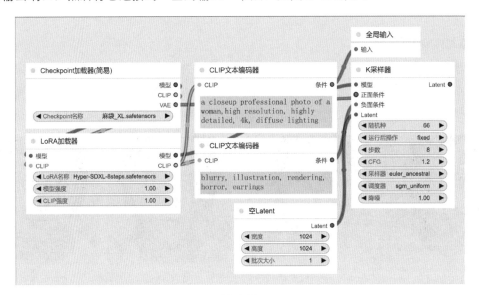

图 3-45

在画布的空白处双击，搜索并添加"设置条件时间"节点。复制两个节点，在第一个节点的"开始"参数设置为 0.3，在第二个节点的"开始"参数为 0.6，第三个节点的"结束"参数设置为 0.6。继续搜索并添加两个"条件合并"节点，参照图 3-46 的提示连接端口。把第二个"条件合并"节点的输出端口连接到"K 采样器"节点。

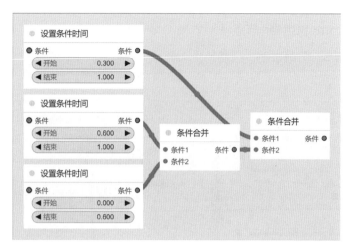

图 3-46

运行工作流，经过加速处理后，可以在不到 10 秒的时间内获得细致到毛孔的面部特写图片，如图 3-47 所示。

图 3-47

▨ 3.6 风格化 SDXL 模型

风格化是 SDXL 模型的一大特色，通过在提示词中输入艺术类型和艺术风格，就能获得相应的生成结果。然而，相关的词汇量非常庞大，无法全部记住。本节将利用两个自定义节点来快速添加各种风格化效果，从而免去翻找和收集资料的麻烦。

所需自定义节点	SDXL Prompt Styler和ComfyUI PhotoMaker ZHO
完成工作流文件	附赠素材/工作流/SDXL_风格化.json

1 SDXL Prompt Styler 节点

我们首先按照 3.5 节的讲解，创建一个 Hyper-SD 加速的 SDXL 工作流，方便测试风格效果，如图 3-48 所示。

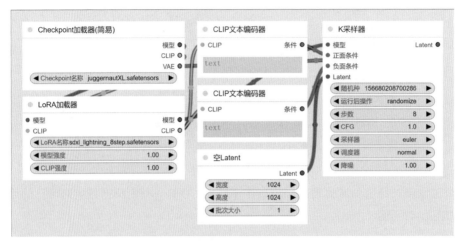

图 3-48

在画布的空白处右击，依次选择"新建节点"→"实用工具"→"SDXL 风格化提示词"命令。分别在两个提示词节点上右击，依次选择"转换为输入"→"转换文本为输入"命令。把"SDXL 风格化提示词"节点的输出端口连接到两个提示词节点的输入端口，如图 3-49 所示。

在正向提示词中输入 {medium} art of a woman，然后在"风格"下拉菜单中选择一种艺术风格，就能自动添加相关提示词，从而获得极具特色的图片效果，如图 3-50 所示。

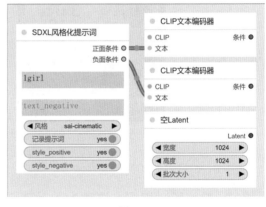

图 3-49

2 ComfyUI PhotoMaker ZHO 节点

ComfyUI PhotoMaker ZHO 节点不仅提供了更多风格和艺术家的词库，还能在生成图片前看到提示词的效果预览。在画布的空白处右击，依次选择"新建节点"→"Zho 模块组"→"ArtGallery 艺术画廊"→ ArtistsGallery_Zho 命令，然后执行快捷菜单中的"新建节点"→"实用工具"→"字符串操作"命令以创建节点。

图 3-50

在"字符串操作"节点上右击，依次选择"转换为输入"→"转换文本 _A 为输入"命令，然后把三个节点连接到一起，如图 3-51 所示。

图 3-51

在 ArtistsGallery_Zho 节点上选择一个艺术家后生成图片，就能得到相同的画风。可以利用权重值来控制风格的作用程度，如图 3-52 所示。

图 3-52

继续在"字符串操作"节点上右击,依次选择"转换为输入"→"转换文本 _C 为输入"命令,这样就可以把"SDXL 风格化提示词"节点连接到"字符串操作"节点。就像使用两个 Lora 模型那样,共同控制生成结果的风格,如图 3-53 所示。

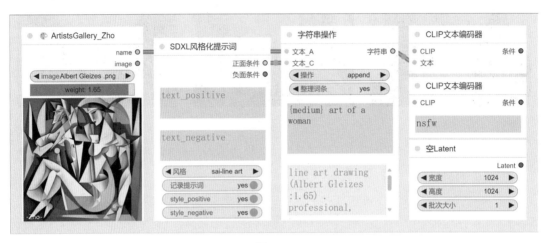

图 3-53

PhotoMaker ZHO 插件的提示词来源于 https://rikkar69.github.io/SDXL-artist- study 网站,该网站提供了数千名艺术家的作品风格,以及数百种胶片和相机镜头效果。把预览图上方的标签输入正向提示词中,同样可以实现自定义节点的效果,如图 3-54 所示。

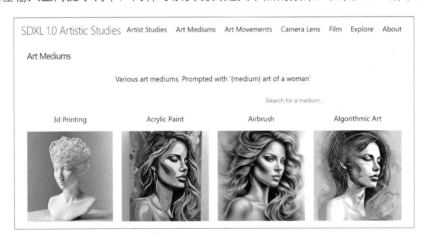

图 3-54

实在没有思路时,我们可以在画布的空白处右击,依次选择"新建节点"→"一键提示词"→ One Button Preset 命令。在正向提示词节点上右击,依次选择"转换为输入"→"转换文本为输入"命令,然后把新建的节点连接到正向提示词节点,如图 3-55 所示。

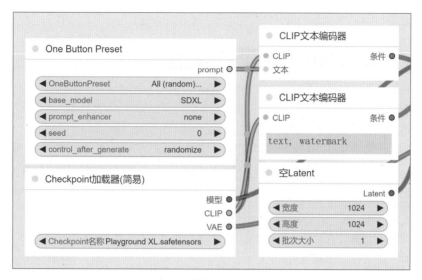

图 3-55

现在，只需在 One Button Preset 节点中选择一种图片类型，然后在设置面板上勾选"更多选项"复选框，设置"批次数量"后，按 Ctrl+Enter 键，就能源源不断地生成图片。在 SDXL 模型出众的画质和加速模型的辅助下，相信很快就能从 AI 天马行空的想象力中找到创作灵感，如图 3-56 所示。

图 3-56

3.7 Playground 美学模型

Playground v2.5 是一个基于 SDXL 的社区大模型，在颜色和对比度、多纵横比图像生成能力以及人物中心细节方面进行了优化改进。根据官方进行的用户评估，Playground v2.5 在审美偏好方面明显优于 SDXL、DALL·E 3 和 Midjourney v5.2。本节分别使用 SDXL、Stable Cascade 和 Playground v2.5 模型进行实测对比，看看哪种模型的美学效果更好。

完成工作流文件	附赠素材/工作流/文生图_美学模型.json

加载默认工作流，在"Checkpoint 加载器"节点中选择 ProtoVision XL-High Fidelity 3D 模型，把生成尺寸设置为 1024×1024。在"K 采样器"节点中，依次把"步数"设置为 30，把"采样器"设置为 dpmpp_2m，把"调度器"设置为 karras，如图 3-57 所示。

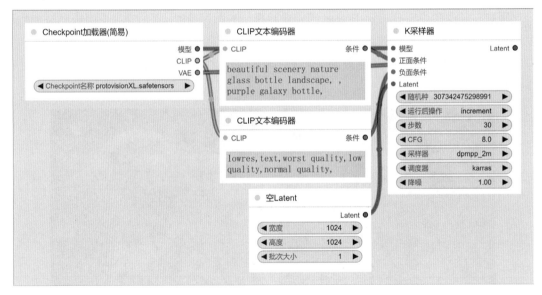

图 3-57

接下来，创建 Playground v2.5 工作流。复制一个 SDXL 的工作流，在"Checkpoint 加载器"节点中选择 Playground v2.5 模型。在画布的空白处双击，搜索并添加"模型连续采样算法 EDM"节点。先把"Checkpoint 加载器（简易）"节点的"模型"端口连接到新建的节点，再把 MODEL 端口连接到"K 采样器"节点。在"K 采样器"节点上，依次把 CFG 参数设置为 3，把"步数"设置为 40，如图 3-58 所示。

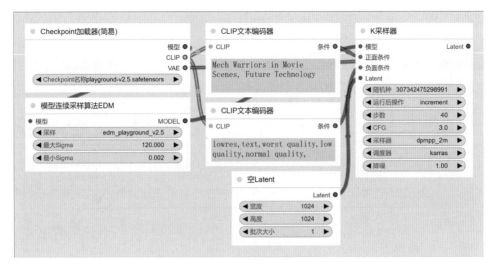

图 3-58

最后，创建 Stable Cascade 工作流。再次复制一个 SDXL 的工作流，然后删除"Checkpoint
加载器"和"空 Latent"节点。在画布的空白处双击，搜索添加"UNET 加载器"节点和"CLIP
加载器"节点。在"UNET 加载器"节点中选择 stage_b 模型，复制一个"UNET 加载器"节点，
选择 stage_c 模型。把"CLIP 加载器"节点的输出端口连接到两个"CLIP 文本编码器"节点，
如图 3-59 所示。

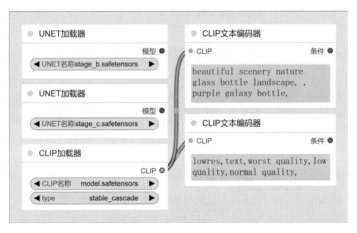

图 3-59

在"K 采样器"节点中，依次把"步数"参数设置为 20，把 CFG 参数设置为 4。在"采
样器"菜单中选择 euler_ancestral，在"调度器"菜单中选择 simple。复制"K 采样器"节点，
依次把"步数"设置为 1，把 CFG 参数设置为 1.1。

在画布的空白处双击，搜索并添加"StableCascade_空Latent"节点。把新建节点的Stage_C端口连接到第一个"K采样器"节点，把Stage_B端口连接到第二个"K采样器"节点。将加载stage_b模型的节点连接到第一个"K采样器"节点，把加载stage_c模型的节点连接到第二个"K采样器"节点，如图3-60所示。

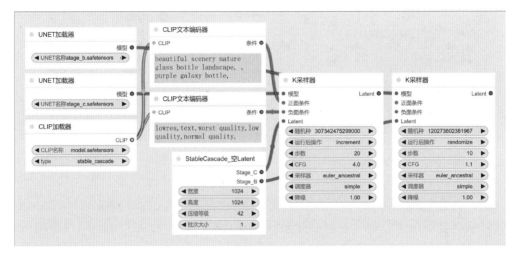

图 3-60

继续搜索并添加"条件零化"和"StableCascade_StageB条件"节点，把正向提示词节点和两个新创建的节点连接起来，然后连接到第二个"K采样器"节点，如图3-61所示。把第一个"K采样器"节点的输出端口连接到"StableCascade_StageB条件"节点。从"VAE解码"的VAE端口创建一个"VAE加载器"节点，并加载stage_a模型。

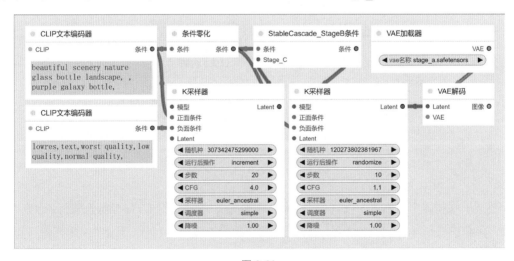

图 3-61

至此，工作流已经搭建完成。我们先使用默认提示词，分别用三个工作流生成三张图片，进行第一轮测试，如图3-62所示。从生成结果来看，StableCascade 模型的背景相对比较干净，而 Playground v2.5 在瓶底的焦散和景深光圈等细节方面表现得更真实。总体来说，在这轮测试中，三个模型的整体差距不大，更喜欢哪个模型的效果完全取决于个人的审美偏好。

SDXL

Playground v2.5

Stable Cascade

图 3-62

在第二轮测试中，我们把提示词改写成用微距镜头拍摄荷叶上的青蛙，三个模型的效果如图3-63所示。可以看到，SDXL 模型的表现中规中矩，而 Playground v2.5 增加了荷叶上的水珠、水中的倒影等细节，皮肤的质感和半透明的脚蹼也非常真实。Stable Cascade 在构图和景深方面表现得更加出色，几乎能达到以假乱真的照片级效果。

在这一轮测试中，Stable Cascade 的整体表现最好，Playground v2.5 也体现出了与"美学模型"这一称号相匹配的效果。更重要的是，Stable Cascade 和 Playground v2.5 的出图稳定性非常高，不像 SDXL 那样，生成结果的质量忽高忽低。

SDXL

Playground v2.5

Stable Cascade

图 3-63

　　在第三轮测试中，我们把提示词改写成具有电影质感的女孩半身照，并将生成尺寸设置为 1024×1360。SDXL 模型的问题仍然是出图质量不稳定，生成竖幅图片时还会出现身体比例失调的现象。Playground v2.5 能体现出提示词中的电影感，构图和人像的美观度也是最好的。Stable Cascade 更偏向特写照片，在明暗光影、色彩层次和角色脸上的细节方面表现得更好，但对提示词的理解不如 Playground v2.5。

　　在最后一组测试中，我们把提示词改写成电影场景中的机甲战士，效果如图 3-65 所示。SDXL 只体现出了提示词中的机甲战士，丝毫没有电影感。Playground v2.5 的构图更上一层楼，画面中的景深和光晕也让电影感这一元素得到了体现。Stable Cascade 的表现更好，经过精细修复后，几乎可以作为电影海报的素材。

SDXL

Playground v2.5

Stable Cascade

图 3-64

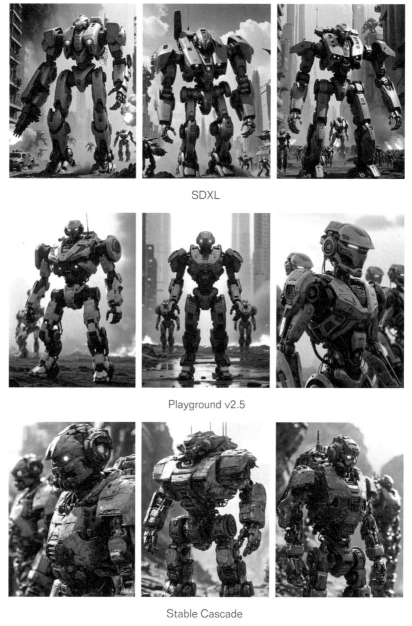

SDXL

Playground v2.5

Stable Cascade

图 3-65

　　从测试中明显可以看到，Playground v2.5 和 Stable Cascade 在美学方面确实比 SDXL 高出一个层次。Playground v2.5 目前的问题是不支持 SDXL 的 Lora 和 ControlNet 模型，生成图片的速度也比 Stable Cascade 慢不少，因此更适合作为高清人像的直接出图方案。

▦ 3.8 Stable Diffusion 3

　　Stable Diffusion 3 是 Stability AI 公司最新开源的图片生成大模型，这个版本的大模型仍然使用 1024×1024 像素的分辨率，但把架构从 U-Net 换成了和 Sora 相同的 Transformer。本节将介绍新鲜出炉的 Stable Diffusion3 的优势，以及它在 ComfyUI 中的使用方法。

完成工作流文件	附赠素材/工作流/SD3基础工作流.json 附赠素材/工作流/SD3优化工作流.json

　　和上一代广受好评的 SDXL 大模型相比，Stable Diffusion 3 主要在文字拼写、多主题提示和图像质量三个方面"进化"了。

　　在所有图片生成工具中，文字渲染一直是一个难以解决的技术难题，SD 1.5 模型对文字没有概念，之后的 SDXL 和 Stable Cascade 模型有所进步，但仍只能生成似是而非的"象形文字"。在 Stable Diffusion 3 中，文字问题终于得到彻底解决，每个字母都能被正确生成，字体的还原能力也很强。然而，仍然会有一定概率出现多字母、少字母或者字母书写错误的情况，如图 3-66 所示。

图 3-66

　　在 SD 1.5 模型中，我们只能通过词组堆叠来实现想要的画面元素，至于元素之间的组合，则只能靠大量生成图片来碰运气。随着 SDXL 的进化，我们可以用自然语言书写长句子，AI 的理解能力也得到了很大提升，但对于前后左右的空间关系处理和颜色污染现象，仍然没有得到有效解决。Stable Diffusion 3 进一步提升了语义理解能力，可以更准确地将复杂提示词描述转换为图像，空间关系和颜色分配终于不再是困扰用户的难题，如图 3-67 所示。

图 3-67

Stable Diffusion 3 在画面质量提升方面喜忧参半。Stability AI 在开发这一代模型时把重点放到了增加训练参数上。SD 1.5 模型使用了 10 亿个训练参数，SDXL 增加是 35 ～ 66 亿个， 而 SD 3 的训练参数达到了 80 亿个。经过实际测试，尽管分辨率没有变，但 SD 3 在人脸方面的图片质量提升非常明显，石头、树叶等细节纹理的表现也更加真实，如图 3-68 所示。

图 3-68

用户关注的手部问题仍然没有得到解决，多手指和少手指的现象不但没有改善，甚至还出现了严重的比例错误和畸形，手部的整体表现还不如 SDXL。同时，人体结构方面也出现了重大缺陷，关注 SD 3 的用户已经看过很多相关的"翻车"图片。出现这些问题的原因有两个：一是为了避免演讲或直播时出现"特殊状况"， Stability AI 完全删除 NSFW 训练集，导致 AI 无法正确解析人体结构；二是目前发布的只是 2B，也就是 20 亿个训练参数的 Medium 版本，而 API 调用的满血状态的 80 亿个参数的版本则不会出现这些问题。很多用户觉得 Stable Diffusion 3 在一些方面的表现不如 SDXL，主要是因为当前使用的是未经微调的低配版基础模型，无法与经过精心优化并拥有完整生态系统的成熟模型相媲美。SDXL 在刚推出时，同样无法超越许多优化后的 SD 1.5 模型。综合评估，Stable Diffusion 3 模型具有良好的基础素质，其在文字生成和颜色分配方面解决了之前的问题，即使直接使用基础模型也能获得高质量的生成结果，并且在提示词的使用上也有显著的改进。

更重要的是，Stability AI 兑现了开源的承诺，而且 Stable Diffusion 3 对于显卡资源的要求不仅没有进一步提升，甚至比 SDXL 低一些，8GB 显存完全可以运行 Medium 版本的模型，生成图片的速度也很快，这对广大用户来说才是最好的消息。至于手部和肢体的畸形问题，主要取决于 Stability AI 对商业许可的进一步解释。如果社区能够接手 SD 3 模型的微调训练，那么所有问题都会很快得到解决。到那时，SD 3 才能像 SDXL 一样，成为真正的大版本模型。

现在我们学习如何在 ComfyUI 中使用 Stable Diffusion 3 模型。目前发布的 SD 3 模型有以下 4 个版本：

- 体积为 4GB 的 sd3_medium：不包含文本编码器，需要单独下载专门的 Text Encoders 才能使用，主要用于某些特定应用场景。
- 体积为 5GB 的 sd3_medium_incl_clips：包含文本编码器，相当于我们平时使用的 SDXL 模型。这个模型对资源的要求最低，但模型的表现会受到一些影响。

- 体积接近 11GB 的 sd3_medium_incl_clips_t5xxlfp8：包含全面的权重集合，并且引入了 XXL 大语言文本编码器的 fp8 版本，平衡了输出质量与系统资源需求，对文本的支持和理解能力更好。
- 体积接近 16GB 的 sd3_medium_incl_clips_t5xxlfp16：是半精度模型，而 fp8 是 1/4 精度的模型。

根据配置在这 4 个文件中选择一个下载，然后放入 ComfyUI\models\checkpoints 文件夹中。如果下载的是 4GB 的 sd3_medium 模型，还需要把 text encoders 中的三个文件放入 ComfyUI\models\clip 文件夹中，如图 3-69 所示。

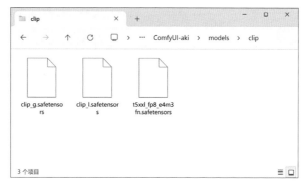

图 3-69

在官方给出的 SD 3 文生图工作流中，首先需要增加了"三 CLIP 加载器"和"模型采样算法 SD 3"节点。如果在"Checkpoint 加载器"中载入的是 sd3_medium 模型，因为这个模型不包含文本编码器，所以需要使用"三 CLIP 加载器"节点分别加载 clip_g、clip_l 和 t5xxl 三个 CLIP 模型，如图 3-70 所示。

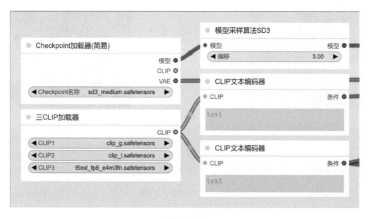

图 3-70

如果在"Checkpoint加载器"节点中载入的是其他SD 3模型，可以删除"三CLIP加载器"节点，把"Checkpoint加载器"节点直接连接到两个"CLIP文本编码器"节点，如图3-71所示。

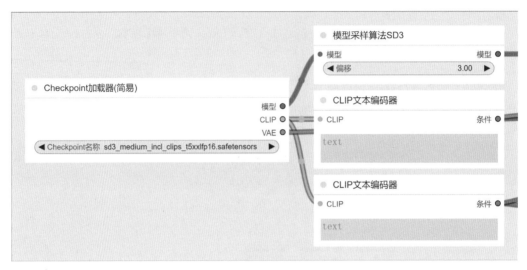

图 3-71

利用"模型采样算法 SD 3"节点中的"偏移"参数，可以对生成结果进行微调。删除这个节点不会对整个工作流的运行产生太大影响，如图3-72所示。

偏移＝3

偏移＝5

图 3-72

反向提示词节点后面连接了一系列的条件节点。首先，"条件零化"节点把反向提示词的作用清零，然后使用两个"设置条件时间"节点控制反向提示词的生效时间，最后用"条件合并"节点进行融合，如图3-73所示。

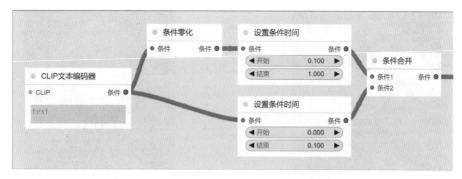

图 3-73

这一系列节点的作用实际上是弱化反向提示词，避免 SD 3 模型过强的理解能力使反向提示词表现得过于突出。删除这些条件节点同样不影响工作流的运行，只是生成结果会更接近扁平的卡通风格，如图 3-74 所示。

保留条件节点

删除条件节点

图 3-74

接下来就是常规的"K 采样器""VAE 解码"和"保存图像"节点。需要注意几个问题。首先，只有使用 dpmpp_2m 采样器和 sgm_uniform 调度器才能获得最佳效果，其他采样器和调度器要么效果崩坏，要么效果不够理想。其次，由于提示词增强的原因，CFG 参数 4.5 在一些情况下可能会出现过拟合的现象，需要根据实际情况进一步降低。再次，从调度器来看，SD 3 模型本身具有加速模型的一些特性，把"步数"设置为 8 就能快速收敛画面，得到可以接受的生成结果，如图 3-75 所示。

在官方给出的第二个工作流中，用"CLIP 文本编码 SD 3"替换了正向提示词节点，这个节点的三个文本框分别用于填写 clip_g、clip_l 和 t5xxl，如图 3-76 所示。

步数 =28

步数 =8

图 3-75

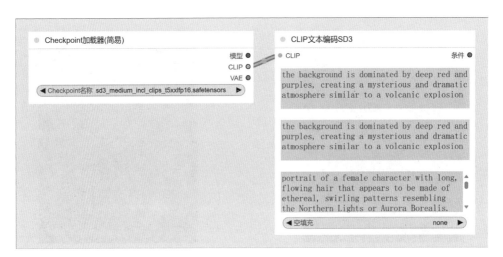

图 3-76

在 SDXL 模型中，clip_l 用来填写主体对象的概念，例如一个女孩；clip_g 用来填写形容主体对象的提示词，例如女孩的五官和发型。而在 SD 3 的官方工作流中，clip_g 和 clip_l 中填写的都是描述背景环境和画面氛围的提示词，交代主体对象的提示词都被放到 t5xxl 中。从生成结果来看，这种方式确实能够产生非常强烈的氛围感，甚至有时显得有些过强，如图 3-77 所示。

图 3-77

SD 3 的另一个官方工作流中使用 SD Upscale 放大生成结果。经过测试，在 ComfyUI 的默认工作流中，除 sd3_medium 外，其他三个 SD 3 模型均可直接使用。高清修复流程也可以正常添加，但放大倍数不能超过 1.5。第二个"K 采样器"中的"步数"参数最好设置在 8 左右，"降噪"参数可以设置在 0.6 左右，如图 3-78 所示。

图 3-78

第 **4** 章
Chapter

图生图工作流

Stable
Diffusion-ComfyUI
AI 绘画工作流解析

在文生图中，我们通过文字描述来生成所需的图像，并基于模型库中生成符合描述的图片。然而，文字所承载的信息量毕竟有限，即使编写大段提示词并调整各种语法权重，也很难让 AI 准确理解我们的意图。即使 AI 理解了我们的意图，也未必能生成我们满意的效果，这往往需要花费大量时间反复尝试。

俗话说"一图胜千言"。图片本书已经包含了角色、构图、配色等信息，AI 无须理解画面的内容，只需从参考图上提取像素信息，然后将其作为特征向量映射到生成结果上，这样可以最大限度地实现稳定出图。

4.1 常规图生图流程

图生图的主要作用有三个：一是画面风格迁移，二是图片高清重绘，三是修复和放大生成结果。本节将首先学习如何使用图生图工作流迁移图片风格，并介绍根据画面内容反向推导提示词文本的方法。

所需自定义节点	ComfyUI WD1.4 Tagger 、Derfuu_ComfyUI_ModdedNodes和 was-node-suite-comfyui
完成工作流文件	附赠素材/工作流/图生图_基础工作流.json 附赠素材/工作流/图生图_高清放大+反推提示词.json

新建一个默认工作流，在画布的空白处双击，搜索并添加"加载图像"节点。从"加载图像"节点的"图像"端口拖出连线，松开鼠标后，搜索并添加"图像缩放"节点。接着，从"图像缩放"节点的输出端口拖出连线，松开鼠标后，创建"VAE 编码"节点，如图 4-1 所示。

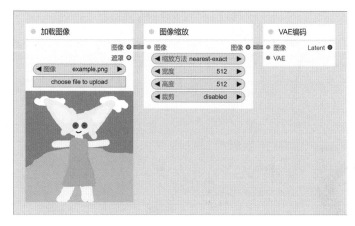

图 4-1

单击节点上的 choose file to upload 按钮，选择需要迁移风格的参考图片。在"图像缩放"节点上，使用"宽度"和"高度"参数设置生成结果的尺寸，并在"裁剪"下拉菜单中选择 center 选项，如图 4-2 所示。

图 4-2

删除"空 Latent"节点后，把 Latent 端口连接到"K 采样器"节点。在"Checkpoint 加载器"节点上断开 VAE 端口，搜索并添加"VAE 加载器"和"全局输入"节点，然后把新建的两个节点连接起来，在"VAE 加载器"节点中选择 840000 模型。完成的基础图生图工作流如图 4-3 所示。

选择一个卡通风格的大模型，然后输入反向提示词模板。如果现在运行工作流，只能得到和参考图毫无关联的生成结果。与文生图中的高清修复类似，我们需要调整"K 采样器"节点中的"降噪"参数，以控制参考图的重绘幅度，如图 4-4 所示。

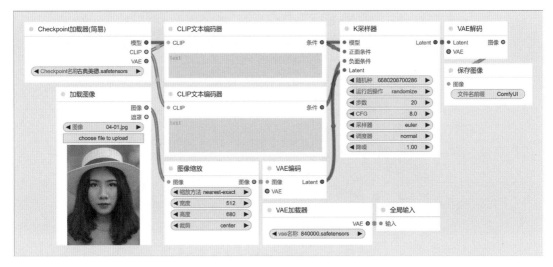

图 4-3

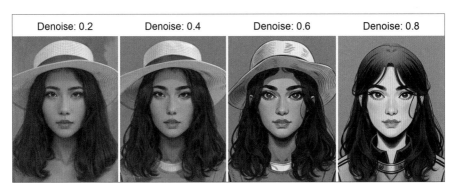

图 4-4

在图生图工作流中，正向提示词仍然起着非常重要的作用。安装自定义节点 ComfyUI
WD1.4 Tagger 后，重新运行 ComfyUI。在"加载图像"节点上右击，选择菜单中的"反推
提示词"命令。稍等片刻后会弹出一个窗口，显示描述参考图画面内容的提示词，如图 4-5
所示。

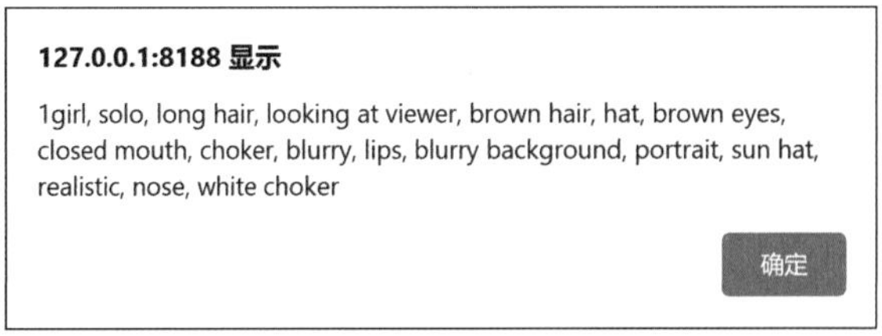

127.0.0.1:8188 显示

1girl, solo, long hair, looking at viewer, brown hair, hat, brown eyes,
closed mouth, choker, blurry, lips, blurry background, portrait, sun hat,
realistic, nose, white choker

确定

图 4-5

把窗口中的文本复制到正向提示词中，
然后检查提示词的内容，并根据需要进行适
当的删改。在"K采样器"节点中，依次把"步
数"设置为25，把"降噪"参数设置为0.5，
在"采样器"菜单中选择dpmpp_2m，在"调
度器"菜单中选择karras。运行工作流，真
人照片会被重画成卡通图片，如图4-6所示。

图4-6

为了增强转绘图片的画风，我们还可以
在"Checkpoint加载器"节点上右击，选择"添
加LoRA"命令。选择适合的模型后输入触发词，如图4-7所示。

图4-7

当前的工作流还有很多可以扩展的地方。创建一组"Latent按系数缩放""K采样器""VAE
解码"和"保存图像"节点，组成高清修复流程。将这些节点整理成组后，连接到第一个"K
采样器"节点，如图4-8所示。为了避免杂乱的连线，我们可以使用"全局输入"和"全局
提示词"节点连接端口。

继续在画布的空白处右击，依次选择"新建节点"→"RG节点"→"忽略多组"命令。
在生成阶段，我们可以使用"忽略多组"节点一键关闭高清修复组件，在得到满意的效果图
后锁定随机种子，然后打开组件进行高清放大。

如果我们想实现全程自动运行的图生图工作流，可以在正向提示词节点上右击，选择"转
换文本为输出"命令。从"文本"端口拖出连线，松开鼠标后，依次选择"新建节点"→"图像"→
"WD14反推提示词"命令创建节点，然后把新建节点的"图像"端口连接到"加载图像"
节点，如图4-9所示。

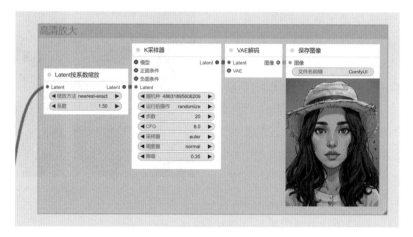

图 4-8

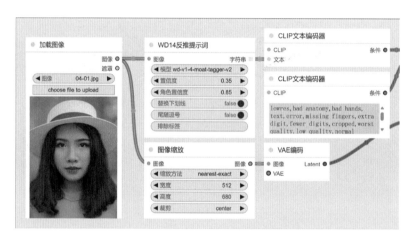

图 4-9

在"WD14 反推提示词"节点中,"置信度"参数用于控制提示词的数量。默认的 0.35 表示保留符合度超过 35% 的提示词,数值越大,保留的提示词越少。如果反推提示词中有不需要的内容,可以将其输入"排除标签"中,如图 4-10 所示。

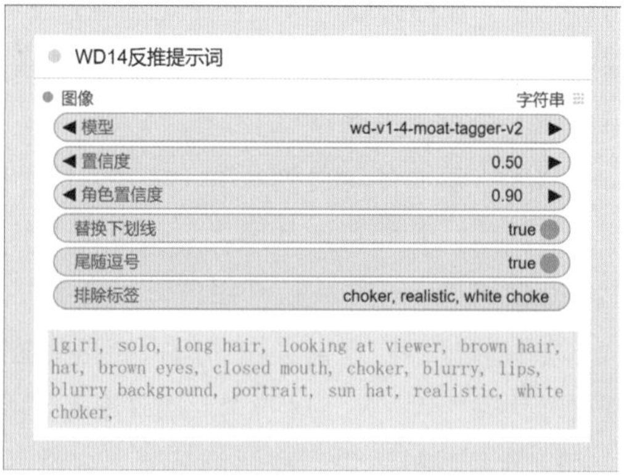

图 4-10

需要添加画质和画风提示词时，可以在画布的空白处右击，依次选择"新建节点"→"实用工具"→"字符串操作"命令。在新建的节点上右击，选择"转换文本 _A 为输入"命令。参照图 4-11 连接端口，然后在"字符串操作"节点的第一个文本框中输入附加提示词。

图 4-11

现在这个工作流就能像小程序一样，更换一张参考图后，单击"运行"按钮，一键实现真人转卡通效果。使用卡通或手绘图片作为参考图时，只要选择真实风格的大模型，也可以把二次元人物转换成真人，如图 4-12 所示。

图 4-12

需要转绘很多图片时，可以把所有图片放到一个文件夹中。安装自定义节点 was-node-suite-comfyui 后，搜索并添加"加载批次图像"节点，用新建的节点替换掉"加载图像节点"，在"模式"菜单中选择 incremental_image，在"路径"中输入文件夹的地址，如图 4-13 所示。

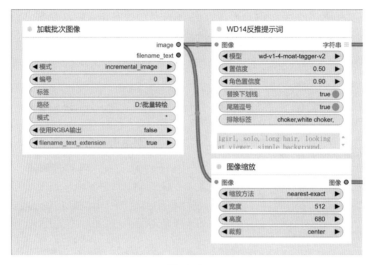

图 4-13

在设置面板勾选"更多选项"复选框，在"批次数量"中输入文件夹中的图片数量，单击"添加提示词队列"按钮，就能批量转绘文件夹中的所有图片，如图 4-14 所示。

在很多应用场景中，参考图的长宽比不尽相同，按照统一的尺寸裁剪有可能影响画面的完整性。我们可以安装自定义节点 Derfuu_ComfyUI_ModdedNodes，然后搜索并添加 Image scale to side 节点。用新建的节点替换"图像缩放"节点，把 side_length 参数设置为 512，在 side 菜单中选择 Width 选项，如图 4-15 所示。

图 4-14

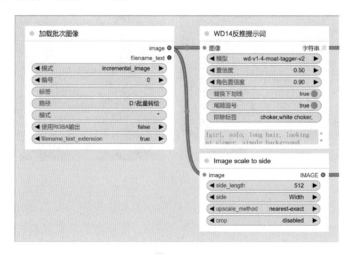

图 4-15

这样无论参考图的尺寸多大，长宽比是多少，都能进行等比例缩放，既不会裁剪画面或者产生画面变形，又能限制生成结果的尺寸，不至于超出显存的承受能力。

4.2 Cascade 图生图

在第 3 章中，我们体验到了 Stable Cascade 模型的高画质。如果利用这个模型进行重绘，那么能不能得到天花板级的图生图效果呢？本节就来学习用 Stable Cascade 模型实现图生图和多图融合的方法。

完成工作流文件	附赠素材/工作流/局部重绘_Cascade图生图.json
	附赠素材/工作流/局部重绘_Cascade多图融合.json

新建默认工作流，删除"空 Latent"节点。在画布的空白处双击，搜索并添加"StableCascade_ StageC_VAE 编码"节点，把新建节点的 Stage_C 端口连接到"K 采样器"节点，从"图像"端口创建"加载图像"节点，把 VAE 端口连接到"Checkpoint 加载器"节点，如图 4-16 所示。在"Checkpoint 加载器"节点上加载 stable_cascade_stage_c 模型。

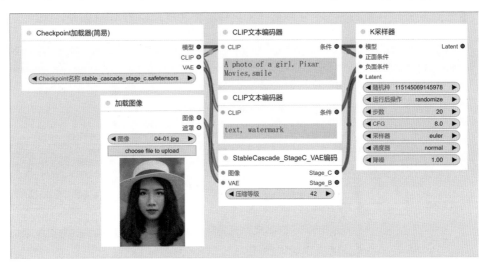

图 4-16

在"K 采样器"节点中把 CFG 参数设置为 4，在"采样器"菜单中选择 euler_ancestral 选项，在"调度器"菜单中选择 simple。搜索并添加"StableCascade_StageB 条件"节点，把新建节点的"条件"输入端口连接到正向提示词节点，把 Stage_C 端口连接到"K 采样器"节点，如图 4-17 所示。

图 4-17

　　按住Alt 键复制"Checkpoint 加载器"和"K 采样器"节点，连接两个节点的"模型"端口，在复制的"Checkpoint 加载器"节点上加载 stable_cascade_stage_b 模型。把反向提示词和"StableCascade_StageB 条件"节点的输出端口，以及"StableCascade_StageC_ VAE 编码"节点的 Stage_B 端口连接到复制的"K 采样器"节点，如图 4-18 所示。

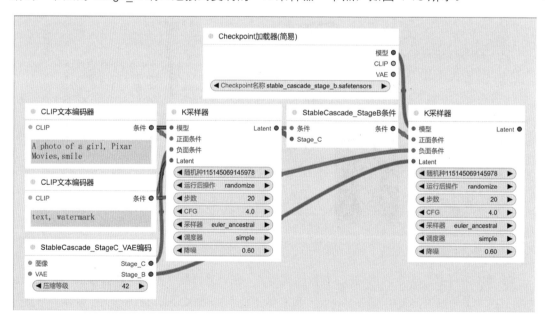

图 4-18

在复制的"K 采样器"节点上依次把"步
数"参数设置为 15，把 CFG 和"降噪"参
数设置为 1。把第二个"Checkpoint 加载器"
节点的 VAE 端口连接"VAE 解码"节点。

至此，工作流就搭建完成了。运行工
作流，可以得到画质非常高的重绘效果，如
图 4-19 所示。

图 4-19

把当前的工作流改造一下，还能得到多
图融合的效果。删除第一个"Checkpoint 加载器"和"StableCascade_StageC_VAE 编码"
节点，然后搜索并添加"unCLIPCheckpoint 加载器"和"CLIP 视觉编码"节点。

复制"加载图像"和"CLIP 视觉编码"节点，把"unCLIPCheckpoint 加载器"节点的"CLIP
视觉"端口连接到两个"CLIP 视觉编码"节点。继续把两个"加载图像"节点连接到两个"CLIP
视觉编码"节点，如图 4-20 所示。

图 4-20

从正向提示词节点的输出端口创建"unCLIP 条件"节点，然后从新建节点的输出端口
再次创建"unCLIP 条件"节点，把第二个节点的输出端口连接到一个"K 采样器"节点的"正
面条件"端口。把两个"CLIP 视觉编码"节点的输出端口连接到两个"unCLIP 条件"节点。

搜索并添加"StableCascade_空Latent"节点,把新建节点的Stage_C端口连接到第一个"K采样器"节点,把Stage_B端口连接到第二个"K采样器"节点,如图4-21所示。

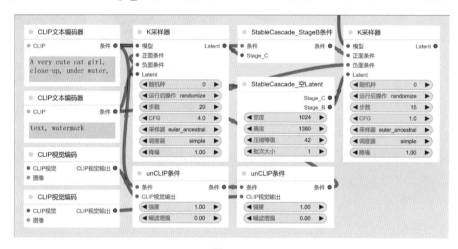

图 4-21

至此,工作流就搭建完成了。我们先输入提示词,例如"水下的猫娘",然后加载一只猫和一张女孩的图片作为参考图。运行工作流之后,两张图片的特征将在提示词的引导下混合到一起,如图4-22所示。

图 4-22

4.3 局部重绘工作流

局部重绘是从图生图功能衍生出来的。与图生图会把参考图全部重绘一遍不同,局部重绘只重绘参考图上的特定区域。这一功能主要用于修复生成结果中的错误部分,或者更换图片中的服装、背景等元素。

完成工作流文件	附赠素材/工作流/局部重绘_基础重绘.json

　　载入 4.2 节搭建的基础图生图工作流，我们只需添加一个节点，就能将其修改成为局部重绘工作流。搜索并添加"设置 Latent 噪波遮罩"节点，把"VAE 编码"节点的 Latent 端口和"加载图像"节点的"遮罩"端口连接到新建的节点，如图 4-23 所示。

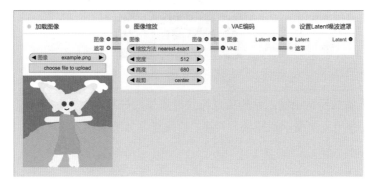

图 4-23

　　继续把"设置 Latent 噪波遮罩"节点的 Latent 输出端口连接到"K 采样器"节点，这样就完成了基础局部重绘工作流的搭建，如图 4-24 所示。

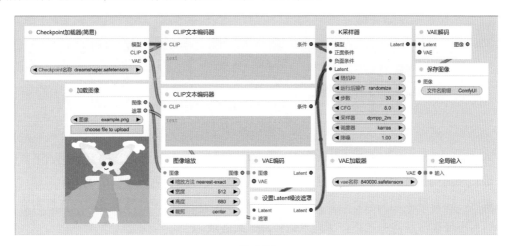

图 4-24

　　单击"加载图像"节点上的 choose file to upload 按钮，选择需要重绘的图片。接着，在节点上右击，选择"在遮罩编辑器中打开"命令。在打开的窗口中，拖动 Thickness 滑块来调整笔刷大小，然后在图片上绘制覆盖衣服区域的遮罩。绘制完成后，单击 Save to node 按钮，如图 4-25 所示。

图 4-25

首先，在正向提示词中输入希望生成图片时所呈现的服装款式，然后输入生成图片时的提示词。接着，套用反向提示词模板，并在"K 采样器"节点中将"降噪"参数设置为 0.6，如图 4-26 所示。

图 4-26

按 Ctrl+Enter 键运行工作流，而后观察生成结果，虽然更换服装的目的达到了，但重绘区域和原图交汇处的过渡不够自然，经常出现生硬的转折和色差。要想让重绘区域与原图完美融合，还需要添加高清修复流程。需要注意的是，局部重绘的高清修复应在像素空间中进行，而不是在潜空间中进行，否则只会修复重绘区域。

在"VAE 解码"节点后面添加"图像按系数缩放"节点，然后再添加"VAE 编码"节点，把放大后的图像发送到潜空间，如图 4-27 所示。

图 4-27

继续添加"K采样器"和"VAE解码器"节点,然后连接所有端口,如图 4-28 所示。

图 4-28

在"图像按系数缩放"节点中设置放大的倍数,在第二个"K采样器"节点中把"降噪"参数设置为 0.5。然后运行工作流,就能得到高质量的换装效果,如图 4-29 所示。

第二种局部重绘的方法是搜索并添加"VAE内补编码器"节点。删除工作流开始处的"VAE编码"和"设置 Latent 噪波遮罩"节点,然后参照图 4-30 连接节点和端口。

图 4-29

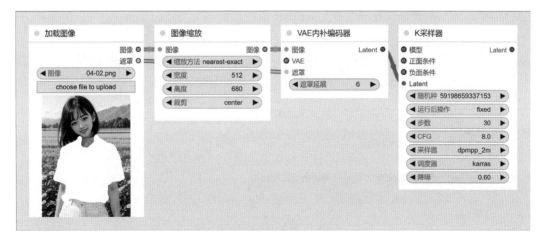

图 4-30

"设置 Latent 噪波遮罩"节点会把整张参考图连同遮罩信息一起发送给"K采样器",

"降噪"参数越低，重绘效果越接近参考图，可以在参考图上进行小幅度的变化。而"VAE内补编码器"节点只把遮罩区域的图像发送给"K 采样器"节点，然后基于提示词生成新的噪声，从而对参考图的遮罩区域进行彻底修改。因为这种方式相当于重新生成内容，所以需要把 K 采样器的"降噪"参数设置为 1。重绘前后的对比效果如图 4-31 所示。

图 4-31

4.4 自动提取图像遮罩

当需要更换头发、面部、背景等形状较复杂的对象时，使用画笔很难精细绘制遮罩。我们可以安装一个名为 Segment Anything 的自定义节点，通过输入文本就能从图片上识别并生成遮罩，这比在 Photoshop 中抠图方便得多。

所需自定义节点	Segment Anything、a-person-mask-generator和 ComfyUI-BRIA_AI-RMBG
完成工作流文件	附赠素材/工作流/局部重绘_Segment Anything.json

载入 4.3 节搭建的局部重绘工作流，在画布的空白处双击，搜索并添加"G-DinoSAM语义分割""SAM 模型加载器"和"G-Dino 模型加载器"节点，参照图 4-32 把新建的这三个节点连接到一起。

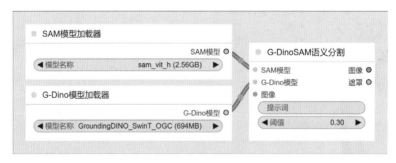

图 4-32

在画布的空白处双击，搜索并创建"加载图像"节点，从新建节点的"图像"端口创建"图像缩放"节点，然后把输出端口连接到"G-DinoSAM 语义分割"节点，如图 4-33 所示。

图 4-33

从"G-DinoSAM 语义分割"节点的"图像"端口创建"预览图像"节点。接下来，在"SAM 模型加载器"节点中选择语义分割模型，模型的体积越大，识别精度就越高，但会占用更多的显存资源。在"G-DinoSAM 语义分割"节点中输入 people，然后运行工作流，就能自动识别并提取出人物的遮罩，如图 4-34 所示。

图 4-34

把"G-DinoSAM 语义分割"节点的"遮罩"端口连接到"设置 Latent 噪波遮罩"节点上，完成工作流的创建。假设我们想把参考图中的人物头发修改成红色，只需在"G-DinoSAM 语义分割"节点中输入 hair，继续在正向提示词中输入 red hair，然后运行工作流，就能得到所需的效果，如图 4-35 所示。

如果需要更换参考图的背景，可以单击连线中心的圆点，在"G-DinoSAM 语义分割"和"设置 Latent 噪波遮罩"节点之间插入"遮罩反转"节点，然后在"G-DinoSAM 语义分割"节点中输入 people，如图 4-36 所示。

图 4-35

图 4-36

在正向提示词中输入想要替换的文字描述，然后在第一个"K 采样器"节点中将"降噪"参数设置为 1。运行工作流后，就能更换图片的背景，如图 4-37 所示。

在重绘人物图片时，我们还可以安装自定义节点 a-person-mask-generator。在画布的空白处双击，搜索并添加 A Person Mask Generator 节点。从新建节点的 images 端口拖出连线，创建"加载图像"节点，如图 4-38 所示。

图 4-37

图 4-38

从 masks 端口创建"遮罩到图像"节点，然后创建"预览图像"节点。在 A Person Mask Generator 节点中启用相关选项，就能生成相应的遮罩。这些选项可以多选，从而同时识别多个区域的遮罩，如图 4-39 所示。

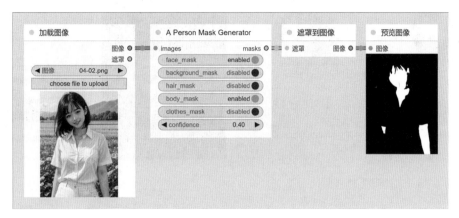

图 4-39

既然可以自动提取遮罩，就能实现自动抠图。安装自定义节点 ComfyUI-BRIA_AI-RMBG 后，新建一个工作流，清除画布上的所有节点后，搜索并添加 BRIA RMBG 节点。从新建节点的输出端口创建"保存图像"节点，从 image 输入端口创建"加载图像"节点，从 rmbgmodel 端口创建 BRIA_RMBG Model Loader 节点，如图 4-40 所示。

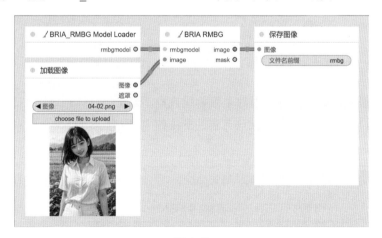

图 4-40

运行工作流，就能得到透明背景的图片。在 Photoshop 中新建一个背景图层，然后填充任意颜色，即可查看抠图效果。可以看到，抠图的精细度非常高，角色边缘也不会出现白边，如图 4-41 所示。

除人物外，动物、汽车等图片中的主体对象都能实现自动抠图，如图4-42所示。通过用"加载批次图像"节点替换"加载图像"节点，还能批量转换多张图片。

图 4-41   图 4-42

▦ 4.5 最强局部重绘插件

常规的局部重绘工作流存在很大的局限性。例如，如果不进行高清修复，重绘区域的边缘会显得生硬，而进行高清修复后，参考图又会发生一定幅度的变化，这种方法只能用来修复生成结果，不适合处理照片。更为严重的是，由于 SDXL 模型自身存在的问题，常规的局部重绘工作流只能使用 SD 1.5 模型，使用 SDXL 模型时会产生混乱的噪声。虽然我们可以使用 Fooocus Inpaint 模型，以打补丁的方式得到正常图像，但重绘区域的随机性太强，需要进行大批量的生成操作。

BrushNet 是目前效果最好的局部重绘解决方案，无论是生成结果还是载入的照片，大多数情况下不用高清修复就能得到完美无痕的重绘效果。同时，BrushNet 还支持 SDXL 模型，堪称 ComfyUI 中的局部重绘之王。

所需自定义节点	BrushNet
完成工作流文件	附赠素材/工作流/局部重绘_BrushNet.json

加载默认工作流，删除"空 Latent"节点。在画布的空白处右击，依次选择"新建节点"→"内补"→ BrushNet 命令。然后从新建节点的 image 端口拖出连线，创建"加载图像"节点。加载参考图后，把"遮罩"端口连接到一起，如图4-43 所示。

图 4-43

把"Checkpoint 加载器"和"CLIP 文本编码器"节点的输出端口连接到 BrushNet 节点，然后把 BrushNet 节点的输出端口连接到"K 采样器"节点，如图 4-44 所示。

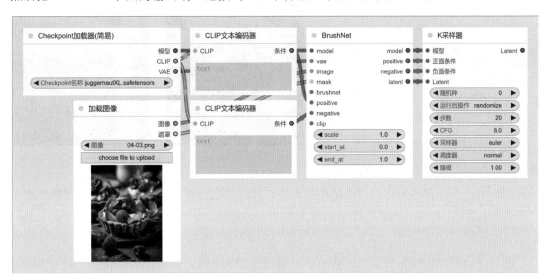

图 4-44

在"加载图像"节点上右击，执行"在遮罩编辑器中打开"命令，在参考图上绘制需要重绘的遮罩区域。选择一个 SDXL 模型，然后从 BrushNet 节点的 brushnet 端口拖出连线，创建"BrushNet 加载器"节点，在新创建的节点中选择名字中带 sdxl 的模型，如图 4-45 所示。

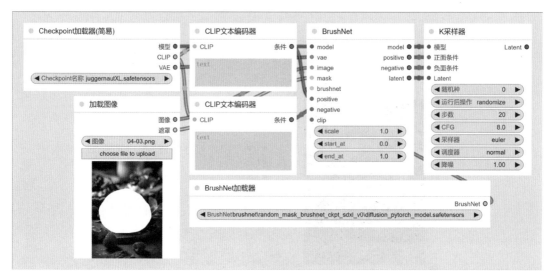

图 4-45

在"K 采样器"节点中把"步数"设置为 10，在提示词中输入 a burger 后，运行工作流，结果如图 4-46 所示。BrushNet 最大的优势在于能够从遮罩区域和潜在噪声中提取特征，使修复后的图像与参考图的内容和风格保持一致，无须通过大量生成就能得到完美的修复效果。

在 BrushNet 节点中，降低 scale 参数可以放大遮罩区域，同时遮罩以外

图 4-46

的区域也会产生一定的变化，以匹配重绘内容。我们可以在画布的空白处双击，搜索并添加"混合局部重绘"节点，然后把新建的节点和"VAE 解码"和"加载图像"节点连接到一起，如图 4-47 所示。

在"混合局部重绘"节点中，把 kernel 参数设置为 100，这样遮罩以外的区域仍然会保持参考图的原貌，如图 4-48 所示。

此外，我们还可以在 BrushNet 流程中创建"G-DinoSAM 语义分割"节点，然后加载 SAM 模型和 G-Dino 模型，如图 4-49 所示。

图 4-47

图 4-48

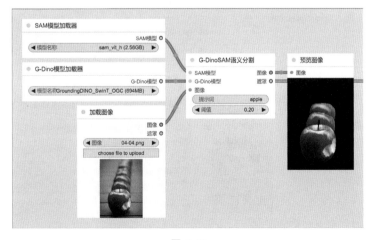

图 4-49

在"G-DinoSAM 语义分割"节点中
输入要分割的遮罩，然后在正向提示词中
输入要更换的内容，重绘效果如图 4-50
所示。这套工作流的重绘质量非常高，无
论是对照片还是生成结果都能灵活地更换
画面中的任意元素。

图 4-50

4.6 实时涂鸦绘画流程

利用带高清修复功能的图生图工作流，可以把简单的手绘图片或线稿重绘成具有丰富细
节的高清版本。如果找不到合适的参考图时，我们还可以利用 Hyper-SD 加速模型配合绘制
节点，实现像在手写板上画画一样实时生成高清图片。

所需自定义节点	ControlNet Auxiliary Preprocessors
完成工作流文件	附赠素材/工作流/实时涂鸦绘画.json

打开基础图生图工作流，在"加载图像"节点上传一张涂鸦简笔画，输入正反提示词后，
选择卡通风格的 SDXL 大模型。在"图像缩放"节点上设置生成结果的尺寸，如图 4-51 所示。

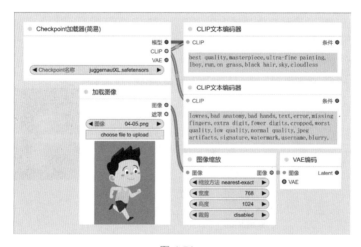

图 4-51

在"Checkpoint 加载器"节点上右击，选择"添加 LoRA"命令，然后加载 Hyper-SDXL-4steps-lora 模型。在"K 采样器"节点上依次把"步数"设置为 4，把 CFG 参数设置为 1.0，把"降噪"参数设置为 0.70。在"采样器"菜单中选择 ddpm 选项，在"调度器"菜单中选择 sgm_uniform 选项，如图 4-52 所示。

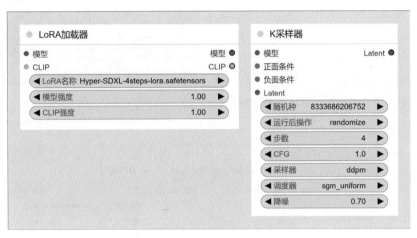

图 4-52

在"K 采样器"节点后面添加"Latent 按系数缩放"节点，然后按住 Alt 键复制"K 采样器"节点。在第二个"K 采样器"节点中把"降噪"参数设置为 0.55。最后，把节点连接到一起，结果如图 4-53 所示。

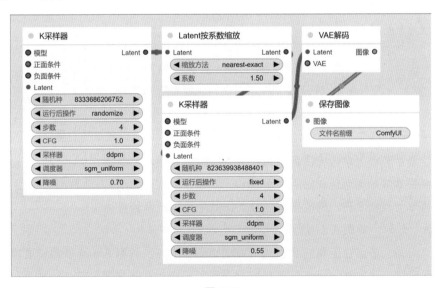

图 4-53

运行工作流后，几秒内就能把简笔画重绘成精细的卡通图片，如图 4-54 所示。我们可以在当前流程的基础上进行一些改进，以实时绘画的方式生成图片。

删除"加载图像"节点，然后从"图像缩放"的输入端口拖出连线，搜索并添加"Inpaint 内补预处理器"节点。接着，从"Inpaint 内补预处理器"节点的输入端口拖出连线，搜索并添加"绘画"节点。把"遮罩"端口连接起来，结果如图 4-55 所示。

图 4-54

图 4-55

在两个"K 采样器"节点的"运行后操作"菜单中都选择 fixed 选项，选中"Latent 按系数缩放"和第二个"K 采样器"节点后，按 Ctrl+B 键关闭高清修复。在设置面板中勾选"更多选项"复选框，并继续勾选"自动执行"复选框后，单击"添加提示词队列"按钮，如图 4-56 所示。

图 4-56

在"绘画"节点上单击 BG 颜色框设置画布的背景颜色，单击 Stroke 颜色框选择画笔颜色，然后利用 Brush 参数控制笔刷大小。在节点的画布上随意涂鸦，就能根据画布上的颜色和提示词的描述实时更新重绘效果，如图 4-57 所示。

单击"绘画"节点左上角的 E 按钮可以切换到橡皮擦，利用 Erase 参数设置橡皮擦的大小。绘制完成后，选中"Latent 按系数缩放"和第二个"K 采样器"节点，按 Ctrl+B 键进行高清修复，如图 4-58 所示。最后在设置面板上取消"自动执行"复选框的勾选。

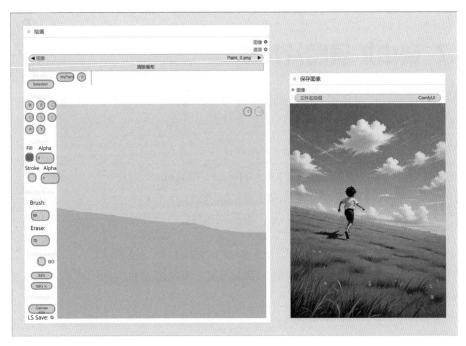

图 4-57

图 4-58

4.7 自由扩展图片尺寸

外绘扩图可以根据语义信息和画面的局部特征扩展图片的幅面大小并填充内容，是很多图形图像类工具软件的主打功能。本节将学习分别使用 BrushNet 和 Fooocus 搭建外绘扩图工作流的方法。

所需自定义节点	ComfyUI-BrushNet-Wrapper和ComfyUI Inpaint Nodes
完成工作流文件	附赠素材/工作流/外绘扩图_BrushNet.json 附赠素材/工作流/外绘扩图_fooocus.json

新建一个默认工作流，删除除"Checkpoint 加载器"外的所有节点。在画布的空白处双击，搜索并添加"BrushNet 模型加载器"节点，接下来把两个节点的所有端口连接到一起，如图 4-59 所示。

图 4-59

从"BrushNet 模型加载器"节点的输出端口拖出连线，创建"BrushNet 采样器"节点，继续从"BrushNet 采样器"节点的输出端口拖出连线，创建"保存图像"节点，如图 4-60 所示。

图 4-60

在画布的空白处双击，搜索并添加"加载图像"节点。继续创建 Image scale to side 和"外补画板"节点，然后把三个节点连接到一起，如图 4-61 所示。

把"外补画板"节点的"图像"和"遮罩"端口连接到"BrushNet 采样器"节点，完成工作流的搭建，如图 4-62 所示。

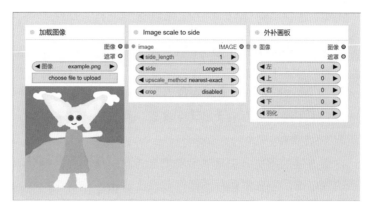

图 4-61

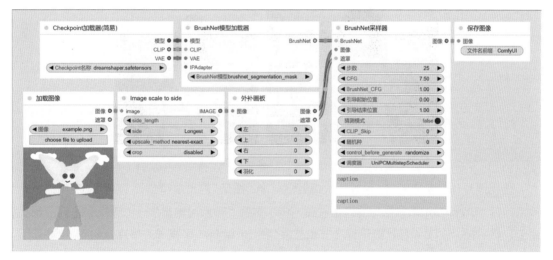

图 4-62

在 Image scale to side 节点上设置生成尺寸，然后在"外补画板"节点上把"左"和"右"参数设置为248，让参考图沿着宽度方向扩展。继续"BrushNet 采样器"节点中输入正向提示词，描述想要的背景画面内容。运行工作流，就能得到非常完美的扩图效果，如图 4-63 所示。

图 4-63

BrushNet 采样器生成图片的速度比较慢，我们可以在
"Checkpoint 加载器"节点上右击，选择"添加 LoRA"命
令，加载 Hyper-SD15-8steps-lora 模型，然后在"BrushNet
采样器"节点上依次把"步数"设置为 8，把 CFG 参数设置
为 1。如果同时扩展宽度和高度方向的尺寸，出图的稳定性
就会有所下降，画面中会出现字幕条、画框、门窗等元素，
如图 4-64 所示。

图 4-64

最方便的解决方法是先沿着宽度方向扩展图片，得到满
意的效果图后，在"保存图像"节点上右击，依次选择"发
送到工作流"→"当前工作流"命令，然后沿着高度方向扩
展图片，如图 4-65 所示。

图 4-65

使用照片作为参考图时，可以从"加载图像"的"图像"输出端口创建"WD14 反推提示词"
节点，在"BrushNet 采样器"节点上右击，依次选择"转换为输出"→"转换提示词为输出"
命令，然后把"WD14 反推提示词"节点连接到"BrushNet 采样器"节点，如图 4-66 所示。

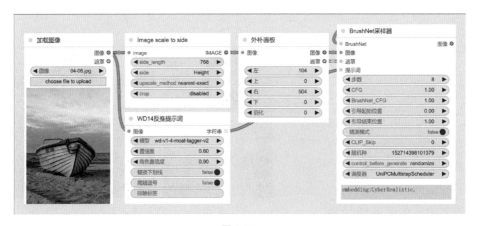

图 4-66

在"外补画板"节点上设置扩展的方向和尺寸，就能实现自动扩图流程，如图 4-67 所示。

图 4-67

BrushNet 的扩图工作流不支持 SDXL 模型，如果需要获得高画质的扩图效果，可以使用 Fooocus 模型搭建工作流。新建默认工作流，然后创建"加载图像""外补画板""WD14 反推提示词"和"VAE 内补编码器"节点，参照图 4-68 把节点连接到一起。

图 4-68

从"VAE 内补编码器"节点的输出端口拖出连线，搜索并添加"应用 Fooocus 局部重绘"节点。然后，从新建节点的"局部重绘组件"端口拖出连线，创建"加载 Fooocus 局部重绘"节点，如图 4-69 所示。

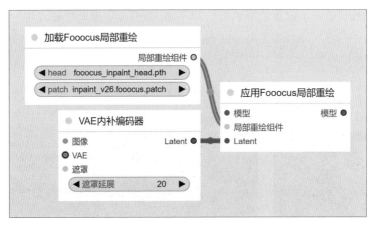

图 4-69

在正向提示词节点上右击，依次选择"转换为输入"→"转换文本为输入"命令，然后把"WD14 反推提示词"节点连接到"文本"端口。接着，把"Checkpoint 加载器"的"模型"端口连接到"应用 Fooocus 局部重绘"节点，再把"应用 Fooocus 局部重绘"节点的输出端口连接到"K 采样器"节点，最后把"VAE 内补编码器"节点的输出端口连接到"K 采样器"节点，从而完成工作流的搭建，如图 4-70 所示。

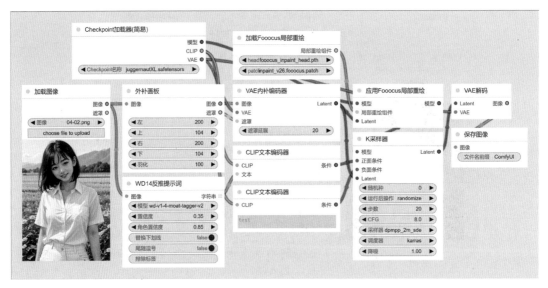

图 4-70

在"外补画板"节点上设置扩图尺寸，把"羽化"参数设置为 100。选择一个 SDXL 大模型后运行工作流，就能得到质量非常高的扩图效果，如图 4-71 所示。

当使用照片时，特别是真人照片作为参考图时，需要在"WD14 反推提示词"节点上提高"置信度"和"角色置信度"参数，以避免过多的提示词在扩图区域产生不必要的细节，如图 4-72 所示。

图 4-71　　　　　　　　　　　　　　　　图 4-72

4.8 超分辨率放大图片

SUPIR 是 ComfyUI 中效果最好的超分辨率放大插件。这个插件在使用放大算法的同时，虽然会对参考图进行重绘，但重绘的幅度非常小。它可以在忠实于原图的基础上把图片放大到 4K 甚至 8K 分辨率，不仅能够放大 Stable Diffusion 的生成结果，还能修复和放大模糊的照片。

所需自定义节点	ComfyUI-SUPIR
完成工作流文件	附赠素材/工作流/SUPIR超分放大.json

单击设置面板上的"清除"按钮以删除所有节点，在画布的空白处右击，依次选择"新建节点"→ SUPIR →"SUPIR 放大"命令。从新建节点的"图像"输入端口拖出连线，创建"加载图像"节点，再从输出端口拖出连线，创建"保存图像"节点。这样，工作流就创建完成了，如图 4-73 所示。

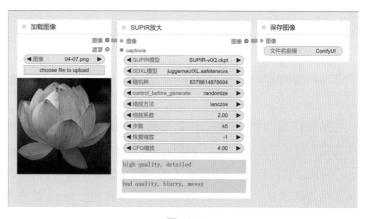

图 4-73

在"SUPIR 放大"节点的"SUPIR 模型"菜单中选择 SUPIR-v0Q 模型,在"缩放系数"中设置放大倍数,其余参数保持默认即可。选择一个 SDXL 大模型后运行工作流,经过一段时间的等待后,就能得到十分完美的放大效果,如图 4-74 所示。

图 4-74

SUPIR 的修复效果令人赞叹,但这个工作流的实用性有限。它不仅修复速度较慢,还需要占用大量显存资源,即便拥有 12GB 的显存也容易出现溢出错误。幸运的是,插件的作者在 V2 版本中提供了半精度模型,这可以在分块生成的配合下将显存占用量减少大约一半。

清除所有节点后,搜索并添加"Checkpoint 加载器"节点,接着创建"SUPIR 模型加载器 _V2"节点,然后把所有端口连接起来。在"SUPIR 模型"菜单中选择 SUPIR-v0Q_fp16 模型,开启 fp8_unet 选项,并在"剪枝类型"菜单中选择 fp16 选项,如图 4-75 所示。

图 4-75

从"SUPIR 模型加载器 _V2"节点的 SUPIR_VAE 端口创建"SUPIR 阶段一"节点,并在"剪枝类型"菜单中选择 fp16,如图 4-76 所示。

从"SUPIR 阶段一"节点的 SUPIR_VAE 端口创建"SUPIR 编码"节点,在"编码剪枝类型"菜单中选择 bf16。从"SUPIR 阶段一"节点的 Latent 端口创建"SUPIR 条件"节点,然后从"SUPIR 编码"节点的 Latent 端口创建"SUPIR 采样"节点,最后参照图 4-77 连接端口。

图 4-76

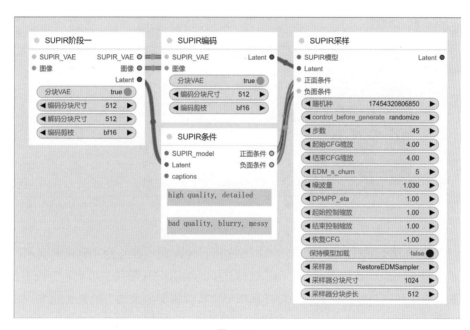

图 4-77

从"SUPIR 采样"
节点的输出创建"SUPIR
解码"节点，从新建节
点的输出端口创建"保存
图像"节点，如图 4-78
所示。

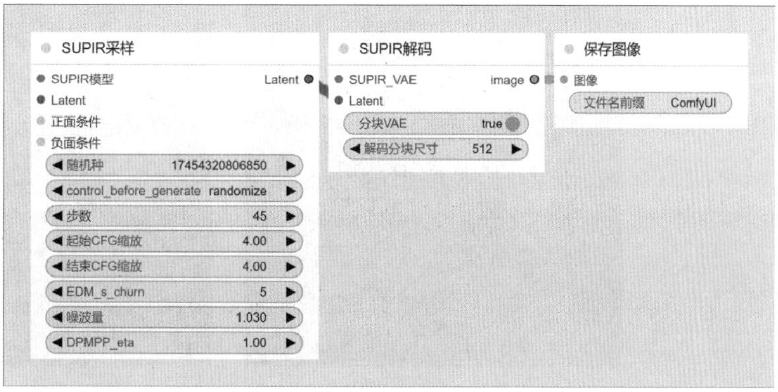

图 4-78

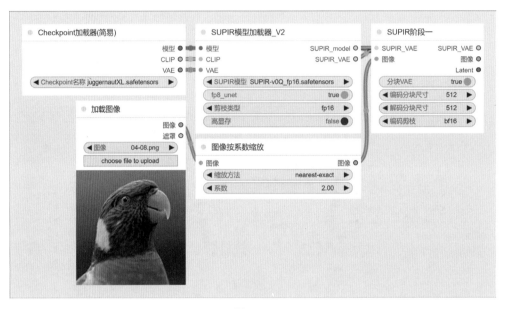

在画布的空白处双击，搜索并添加"加载图像"节点。从新建节点的"图像"端口创建"图像按系数缩放"节点，设置缩放倍数后，把它的输出端口连接到"SUPIR 阶段一"节点，如图 4-79 所示。

图 4-79

把"SUPIR 模型加载器 _V2"节点的 SUPIR_model 端口连接到"SUPIR 采样"节点，把"SUPIR 阶段一"节点的 SUPIR_VAE 端口连接到"SUPIR 解码"节点，完成工作流的搭建。现在运行工作流，就能用更低的显存获得与全精度模型大致相当的放大效果，如图 4-80 所示。

图 4-80

第5章 Chapter

ControlNet 工作流

Stable
Diffusion-ComfyUI
AI 绘画工作流解析

ControlNet 是 Stable Diffusion 中最知名的插件。该插件利用基于控制点的图像变形算法对生成结果进行微调，使 Stable Diffusion 具备了自由组织画面内容的能力，从而将 Stable Diffusion 从新奇有趣的玩具进化为实用的生产力工具。

5.1 ControlNet 的基本运用

我们可以把 ControlNet 理解为一种特殊的 Lora 模型。虽然使用起来很简单，但涉及的内容非常多。本节将首先学习在 ComfyUI 中使用 ControlNet 的方法，然后了解线条预处理器的种类和作用。

完成工作流文件	附赠素材/工作流/ControlNet_线稿上色.json

在文生图工作流中，用提示词很难精确控制生成结果的画面构图和角色的表情神态，大部分时间都花费在修改提示词和反复尝试生成图像上。有了 ControlNet 后，我们可以创建一个"加载图像"节点，上传一张照片作为参考图。在画布的空白处双击，搜索并添加"Canny 细致线预处理器"和"ControlNet 应用"节点，然后把三个节点的"图像"端口连接起来，如图 5-1 所示。

接下来，从"ControlNet 应用"节点的 ControlNet 端口创建"ControlNet 加载器"节点，从"Canny 细致线预处理器"的输出端口创建"预览图像"节点。在"ControlNet 加载器"节点中选择与预处理器相匹配的控制模型 control_v11p_sd15_canny，如图 5-2 所示。

图 5-1

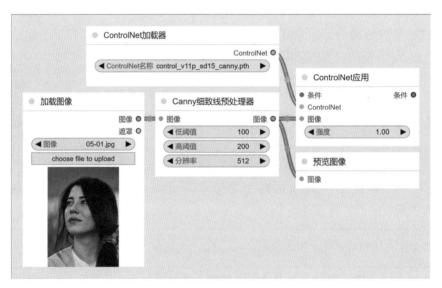

图 5-2

ControlNet 中最重要的组件是预处理器和控制模型。预处理器负责从参考图上提取信息，然后通过控制模型把提取到的信息作为输入条件，像提示词一样指导 K 采样器去除噪声。预处理器、控制模型和大模型三者必须全部匹配，否则无法得到正确的生成结果。

在控制模型的名称中，v11p 代表控制模型的版本号。sd15 代表基础模型版本，使用 SD 1.5 的大模型时，这里也要选择相同的版本。使用 SDXL 的大模型时，则要选择名称中带 xl 的控制模型。canny 是功能名称，使用哪种预处理器，就要使用功能名称相同的控制模型。把正向提示词的输出端口连接到"ControlNet 应用"节点的输入端口，把"ControlNet 应用"

节点的输出端口连接到"K 采样器"的输入端口。在"Checkpoint 加载器"节点中选择 SD 1.5 的大模型，输入想要的人物、服饰和背景提示词后，运行工作流，就能得到构图和姿态与参考图一致的生成结果，如图 5-3 所示。

参考图　　　　　　　　　预处理结果　　　　　　　　生成结果

图 5-3

在"预览图像"节点中可以看到，ControlNet 的预处理器会把参考图中的人物轮廓提取成线条，然后用轮廓线引导生成结果。也就是说，ControlNet 的 Canny 预处理器只复现参考图上的轮廓信息，其余的背景、服饰、风格等元素都交给提示词和大模型。这和图生图还原参考图上所有信息的方式完全不同。

　　在"ControlNet 应用"节点中，我们可以利用"强度"参数控制线条对生成结果的作用程度，数值越小，生成结果越偏向提示词，如图 5-4 所示。

　　强度参数用于控制所有线条的影响程度，我们还可以在"Canny 细致线预处理器"节点中利用"低阈值"和"高阈值"参数控制线条的数量和分布。这两个数值越小，提取到的线条越密集，生成结果中的细节越接近参考图，如图 5-5 所示。

强度 =0.75　　　　　　　　　强度 =0.5

图 5-4

低阈值 =50	高阈值 =150	低阈值 =150	高阈值 =255

图 5-5

在图生图工作流中迁移图片风格时，如果"K 采样器"节点中的"降噪"参数太低，大模型的画风就体现不出来，如果"降噪"参数太高，画面内容又会偏离原图。添加 ControlNet 节点后，就能做到既增强画风，又保持原图的姿势和构图，如图 5-6 所示。

降噪 =0.5	降噪 =0.7	降噪 =0.7+Canny

图 5-6

ControlNet 提供了 10 多种线条预处理器，这些预处理器可以分成 4 种类型。第一种是硬边预处理器，生成的线条粗细相同，可以精确还原参考图上的表情、皱褶等细节，通常用于生成真实风格的图片。硬边预处理器只有 Canny 和 Diffusion Edge 两种。Diffusion Edge 主要提取对象的轮廓形状，其余区域的细节被忽略，可以避免参考图上复杂的背景和过多的细节对生成结果产生影响，如图 5-7 所示。

第二种是直线预处理器，这类预处理器只有 M-LSD 一个，主要用于建筑和室内设计领域，可以改变参考图的配色、环境或氛围，如图 5-8 所示。

图 5-7

图 5-8

我们还可以上传一张手绘的建筑图，通过 M-LSD给草图上色，如图 5-9 所示。

图 5-9

第三种是涂鸦预处理器，其中的 Scribble 会把参考图处理成黑白两种颜色，虽然对画面的控制力没有线条预处理器严格，但仍然会保留参考图上的主要细节，更适合生成卡通风格的图片，如图 5-10 所示。Binary 处理图片的方式和 Scribble 相同，主要区别在于它提供了一个调整阈值的参数，可以控制细节的范围和层次。

图 5-10

其余的都是软边预处理器，这些预处理器能生成具有粗细和明暗变化的线条，如图 5-11 所示。在生成真实风格的图片时，这些软边预处理器之间的差别并不明显，它们的主要用途是转绘卡通风格的图片，或给线稿上色。

LineArtStandard   HED   Scribble PiDiNet Lines

图 5-11

需要给线稿上色时，我们可以创建"MangaAnime 漫画艺术线预处理器"节点。正确连接所有端口后，在"加载图像"节点中上传一张线稿图片，然后在"ControlNet 加载器"节点中选择 control_v11p_sd15s2_lineart_anime，如图 5-12 所示。

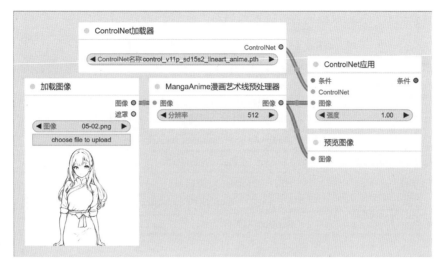

图 5-12

选择一个卡通风格的大模型，输入描述背景、服装颜色、头发颜色等内容的提示词。运行工作流后，重绘效果如图 5-13 所示。

线条预处理器种类繁多，测试效果时，我们可以创建"预处理器选择器"或"Aux集成预处理器"节点，快速筛选合适的预处理器，如图 5-14 所示。

图 5-13

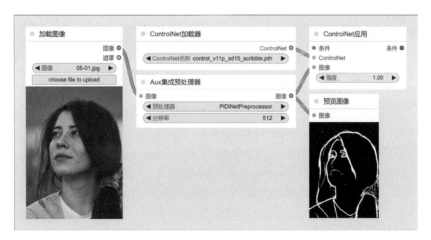

图 5-14

线条预处理器和控制模型的对应关系如表 5-1 所示。

表5-1 线条预处理器和控制模型的对应关系

控制模型	预处理器
control_v11p_sd15_mlsd	M-LSD
control_v11p_sd15_canny	Canny、Diffusion Edge
control_v11p_sd15s2_lineart_anime	MangaAnime、AnimeLineArt
control_v11p_sd15_lineart	LineArt、LineArtStandard
control_v11p_sd15_softedge	HED、PidiNet、TEED
control_v11p_sd15_scribble	Scribble、Binary、Scribble PiDiNet Lines、FakeScribble、ScribbleXDoG

5.2 精确控制角色姿势

理解了 ControlNet 的原理和基本运用后，本节将继续了解面部与姿态预处理器，学习如何精确控制姿势动作和面部表情的方法。

所需自定义节点	ComfyUI Openpose Editor Plus
完成工作流文件	附赠素材/工作流/ControlNet_姿态表情.json

先载入默认工作流。在画布的空白处双击，搜索并添加 "ControlNet 应用（高级）" 节点，如图 5-15 所示。从新建节点的 "图像" 端口拖出连线，依次选择 "新建节点" → "ControlNet 预处理器" → "面部与姿态" → "DW 姿态预处理器" 命令。

图 5-15

从 "ControlNet 应用（高级）" 节点的 ControlNet 端口拖出连线，创建 "ControlNet 加载

器"节点，然后在菜单中选择 control_v11p_sd15_openpose。接着，从"图像"输出端口创建"预览图像"节点，从"DW 姿态预处理器"的输入端口创建"加载图像"节点，并上传一张包含人物动作的图片作为参考图，如图 5-16 所示。

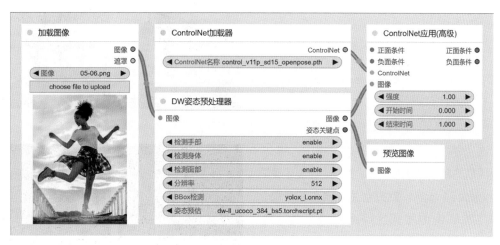

图 5-16

接下来，把两个提示词节点的输出端口连接到"ControlNet 应用（高级）"节点，把"ControlNet 应用（高级）"节点的输出端口连接到"K 采样器"节点。

为了获得最佳效果，避免生成结果的画面不全，建议把参考图和生成结果设置为相同的宽高比。在"空 Latent"节点上右击，分别依次选择"转换为输入"→"转换宽度为输入"和"转换为输入"→"转换高度为输入"命令。在画布的空白处双击，搜索并添加 Image scale to side 和"获取分辨率"节点，参照图 5-17 把节点连接起来。

图 5-17

用提示词描述想要的服装和背景后，运行工作流，生成结果中的角色将会摆出参考图上的动作，如图 5-18 所示。

图 5-18

在"DW 姿态预处理器"节点中，可以控制提取的信息内容。例如，关闭"检测手部"和"检测面部"选项，就只会生成身体的骨骼，把手势和表情的发挥空间留给提示词，如图 5-19 所示。

图 5-19

"ControlNet 应用（高级）"节点中有两个额外的参数，用于控制 ControlNet 对生成结果产生影响的时机。例如，把"开始时间"设置为 0.5，表示在采样进行到 50% 时 ControlNet 才开始引导画面。需要注意的是，因为采样的前几步就能决定生成结果的基本构图，而后续的步骤则用于生成细节，所以"开始时间"的数值稍高就容易让姿势失去控制。而"结束时间"参数即使设置得很小，也不会对姿势产生太大影响，如图 5-20 所示。

开始时间 =0.5　　　　结束时间 =0.5

图 5-20

找不到合适的参考图时，可以在画布的空白处右击，依次选择"新建节点"→"图像"→Openpose Editor Plus 命令，然后删除"DW 姿态预处理器""预览图像""获取分辨率"和 Image scale to side 节点，如图 5-21 所示。在"空 Latent"节点上右击，选择"修复（重建）"命令，根据需要设置生成尺寸，然后连接端口。

图 5-21

在 Openpose Editor Plus 节点上拖动骨骼上的圆圈,可以自定义角色的姿势动作,如图5-22 所示。

单击 Openpose Editor Plus 节点上的 Add pose 按钮,可以添加一套新骨骼,单击 Rest pose 按钮,可以将所有骨骼恢复到默认状态。框选一部分骨骼后,选中骨骼的四周会出现矩形边框。在边框内拖动可以移动选中的骨骼,拖动边框的四角可以缩放选中的骨骼,如图5-23 所示。

图 5-22

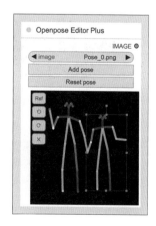

图 5-23

在网上可以下载各种姿势的骨骼图，只需在"加载图像"节点中上传骨骼图，然后直接连接到"ControlNet 应用（高级）"节点，就能生成对应的姿势，如图 5-24 所示。

ControlNet 提供了 5 种面部与姿态预处理器，其中的 "Openpose 姿态预处理器"和"DW 姿态预处理器"完全一致。因为"DW 姿态预处理器"的识别精度更高，所以旧版本的"Openpose 姿态预处理器"已经没有使用的必要。

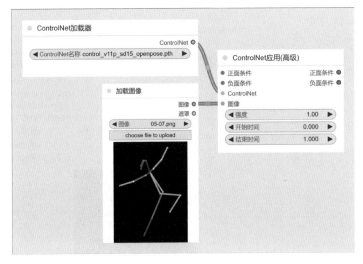

图 5-24

"Dense 姿态预处理器"以轮廓图的形式识别人体姿势，需要和 controlnetFor_v10 控制模型搭配使用才能发挥作用。在实际运用中，"Dense 姿态预处理器"的效果不如"DW 姿态预处理器"精确，优点是参数量比较小，适合在视频领域识别大批量人群。另外，由于"Dense 姿态预处理器"识别姿势的同时还能标记轮廓形状，因此在还原特殊体型的角色时效果较好，如图 5-25 所示。

图 5-25

"Animal Pose 动物姿态预处理器"可以识别动物的姿势，需要和 control_sd15_animal_openpose_fp16 控制模型配合使用，如图 5-26 所示。

图 5-26

"MediaPipe 面部网格预处理器"专门用于识别角色的面部表情，需要和 control_v2p_sd15_mediapipe_face 控制模型配合使用，如图 5-27 所示。然而，这个预处理器的实用性较低，完全可以用"Dense 姿态预处理器"来替代。

图 5-27

5.3 完美修复图片细节

Tile 是 ControlNet 中最实用的模型。该模型首先对参考图进行模糊处理，忽略部分细节，然后在提示词的引导下生成新的细节。这不仅能使模糊的照片变清晰，修复生成结果中的细节，还能实现更换元素和转换风格等效果。

完成工作流文件	附赠素材/工作流/ControlNet_细节修复.json

我们先用 Tile 模型来修复模糊照片。载入基础图生图工作流，上传需要处理的照片。输入提示词后，在"K 采样器"中将"降噪"参数设置为 0.5，如图 5-28 所示。

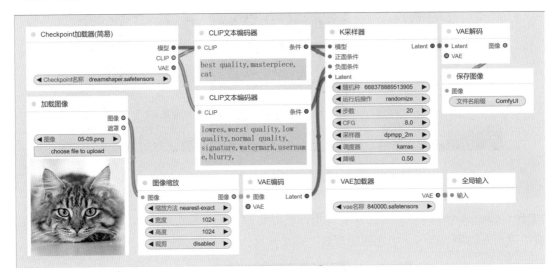

图 5-28

运行工作流时，图像的清晰度会得到提高，同时原图会有小幅度的改变，如图 5-29 所示。如果想进一步提升清晰度，可以增加"降噪"参数，但这也会导致原图较大的变化。

图 5-29

在画布的空白处双击，搜索并添加"ControlNet 应用"节点。从新建节点的"图像"端口拖出连线，创建"Tile 平铺预处理器"节点。接着，从 ControlNet 端口拖出连线，创建"ControlNet 加载器"节点，并在菜单中选择 control_v11f1e_sd15_tile 模型，如图 5-30 所示。

在"ControlNet 应用"节点中，把"强度"参数设置为 0.6。在"K 采样器"节点中，把"降噪"参数设置为 0.8。在"Tile 平铺预处理器"节点中，把"迭代次数"设置为 1。现在运行工作流，就能在基本不改变原图的基础上大幅提升生成结果的清晰度，如图 5-31 所示。

图 5-30

图 5-31

我们还可以从"VAE 解码"节点的输出端口创建"图像通过模型放大"节点，从新建节点的"放大模型"端口创建"放大模型加载器"节点，然后在菜单中选择 4x-UltraSharp 模型。这样就能把模糊的照片修复成 4000×4000 像素的高清大图，如图 5-32 所示。

图 5-32

和第 4 章使用的 SUPIR 插件不同，Tile 模型的原理是彻底重绘原图中的所有细节。"K 采样器"节点中的"降噪"参数用于控制重绘的幅度，"ControlNet 应用"节点中的"强度"参数和"Tile 平铺预处理器"节点中的"迭代次数"参数用于控制生成结果忠实于参考图的程度。

在"K 采样器"节点中把"降噪"参数设置为 1，在"ControlNet 应用"节点中将"强度"参数设置为 0.5，在"Tile 平铺预处理器"节点中把"迭代次数"设置为 3。把提示词中的 cat 修改为 dog，同样可以像图生图那样把猫重绘成狗，如图 5-33 所示。

图 5-33

接下来，利用 Tile 模型修复生成结果。新建一个默认工作流，然后在画布的空白处双击，创建"ControlNet 应用""Tile 平铺预处理器"和"ControlNet 加载器"节点。连接端口后，选择 control_v11f1e_sd15_tile 模型，如图 5-34 所示。

图 5-34

从"ControlNet 应用"节点的输出端口创建"K 采样器"节点，然后继续创建"VAE 解码"和"保存图像"节点，如图 5-35 所示。

继续创建"图像按系数缩放"和"VAE 编码"节点，参照图 5-36 把节点连接起来。在"图像按系数缩放"节点中把"系数"设置为 2。

图 5-35

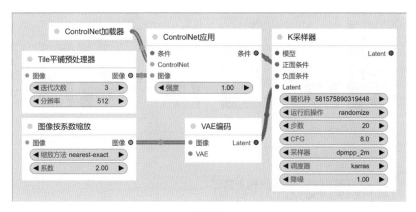

图 5-36

接下来，创建一个组，然后创建"忽略多组"节点，利用节点上的开关快速忽略和开启组，如图 5-37 所示。为了避免产生混乱的连线，还可以创建"全局输入"和"全局提示词"节点，远程连接端口。

先关闭修复组，使用基础文生图流程生成图片。在得到满意的效果图后，在第一个"K 采样器"节点中锁定随机种子。然后

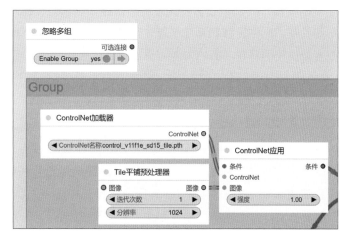

图 5-37

开启修复组，在"Tile 平铺预处理器"节点中依次把"迭代次数"设置为 1，把"分辨率"设置为 1024。再次运行工作流，开始对生成结果进行修复和放大。

和以前使用的高清修复流程相比，添加 Tile 模型后，即使把第二个"K 采样器"的"降噪"参数设置为 1，也不会改变画面中的主体内容。二次去噪只会在生成结果上添加更多细节，而且新生成的细节更加真实、合理，如图 5-38 所示。

如果不想生成太多细节，可以在"Tile 平铺预处理器"节点中把"分辨率"设置为 512，并在第二个"K 采样器"节点中把"降噪"参数设置为 0.7，如图 5-39 所示。

图 5-38   图 5-39

5.4 深度图和法线贴图

ControlNet 提供了多种深度图和法线贴图预处理器，这些预处理器可以实现固定画面的空间关系、风格迁移和手部修复。本节主要学习前两项功能的实现方法。修复手部的流程比较复杂，我们将在后面的内容中详细讲解。

所需自定义节点	Marigold depth estimation in ComfyUI
完成工作流文件	附赠素材/工作流/ControlNet_Marigold深度图.json

深度图是一种描述距离信息和空间结构的灰度图像。在深度图上，颜色越深表示与观察者的距离越远，颜色越浅表示与观察者的距离越近。按照 ControlNet 的常规流程，在默认工作流的基础上，先创建"MiDaS 深度预处理器""ControlNet 应用"和"ControlNet 加载器"节点，然后创建"加载图像"和"预览图像"节点，如图 5-40 所示。

在"ControlNet 加载器"节点中选择 control_v11f1p_sd15_depth 模型，然后运行工作流，就能按照参考图中的物体形状和远近关系生成近似的图片，如图 5-41 所示。

图 5-40

图 5-41

和 MiDaS 类似的预处理器还有 4 种，通过对比预处理图像，我们可以发现：LeReS 深度图的深度最浅，可以保留大量前景和远景的细节，适合还原室内空间。DA 深度图拥有最高的深度，通过忽略一些细节，产生比较干净的背景。DA 深度图的清晰度也是所有深度图中最高的，无论是室内环境还是室外环境，都能准确还原对象间的远近关系，如图 5-42 所示。

| 参考图 | LeReS | DA |

图 5-42

MiDaS 是最常用的深度预处理器。它既能保留近景细节，又具有很大的深度。它最大的优点是计算速度快，缺点是不够精细，适合表现比较空旷的室外环境。Zoe 和 Zoe DA 的预处理效果介于 LeReS 和 MiDaS 之间，相对来说更偏向表现近景的细节，如图 5-43 所示。

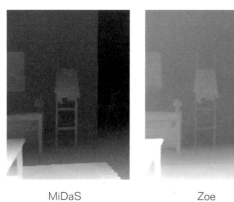

MiDaS   Zoe   Zoe DA

图 5-43

深度图还可以定义人物姿态。虽然 DW 和 openpose 预处理器可以提取大部分的姿态动作，但当角色的手臂或腿部交叠时，仅靠骨骼信息无法判断肢体间的远近关系，如图 5-44 所示。

遇到这种情况时，使用 DA 深度预处理器可以非常准确地还原姿态，如图 5-45 所示。不过，深度图还原姿势的缺点是容易受到背景环境的干扰，我们可以用 Segment Anything 插件提取参考图的遮罩，或者通过自定义节点 BRIA_AI-RMBG 抠图后再使用。

图 5-44   图 5-45

法线贴图是三维制作软件中比较常用的一种贴图类型。这种贴图通过 RGB 颜色标记物体表面的法线方向，主要用来记录凹凸信息，同时也能记录一定的深度和光照分布信息，如图 5-46 所示。

图 5-46

ControlNet 提供的两种预处理器都要使用 control_v11p_sd15_normalbae 控制模型。BAE 预处理器采用标准算法，可以记录参考图上的形状、凹凸和照明信息。MiDaS 的精度比较差，且现在已不再维护更新，唯一的优点是能把主体从背景中分离出来，如图 5-47 所示。

除 ControlNet 自带的深度图预处理器外，还可以通过其他的自定义节点获得更好的深度图处理效

BAE   MiDaS

图 5-47

果。例如，在安装自定义节点 Marigold depth estimation in ComfyUI 后，新建一个默认工作流，在画布的空白处双击，搜索和添加"Marigold 深度推算"节点，然后在 control_before_generate 中选择 fixed 选项。从新建节点的输入端口创建"图像缩放"节点，把"宽度"和"高度"参数设置为 768，启用"固定比例"选项，把"乘数"设置为 32。

接着，从"图像缩放"节点的输入端口创建"加载图像"节点，继续从"Marigold 深度推算"节点的输出端口创建"重映射深度"节点，如图 5-48 所示。

然后，从"重映射深度"节点的输出端口创建"预览图像"节点，生成深度图的流程就完成了。我们还可以从"重映射深度"节点的输出端口创建"图像反转"节点，并继续创建"深度图上色"和"预览图像"节点，这样可以把深度图处理成彩色图像，更清楚地显示图像中的深浅层次，如图 5-49 所示。

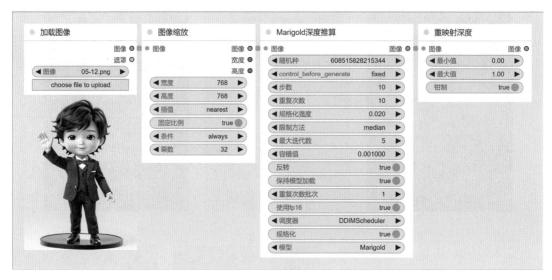

图 5-48

可以看到，Marigold 深度图非常精细，每处细节都能得到良好的还原，如图 5-50 所示。

图 5-49

图 5-50

继续从"重映射深度"节
点的输出端口创建"ControlNet
应 用" 节 点， 然后从新建
节 点 的 ControlNet 端口创建
"ControlNet 加载器"节点，
选择适用于 SDXL 大模型的
control-lora-depth-ank256 控
制模型，如图 5-51 所示。

图 5-51

把默认工作流的正向提示词节点
连接到"ControlNet 应用"节点，把
"ControlNet 应用"节点的输出端口
连接到"K 采样器"节点。选择一个
SDXL 大模型后，输入提示词，就能
在改变风格样式的同时，精确复原参
考图上的细节，如图 5-52 所示。

图 5-52

5.5 生成一致性的角色

在使用 Stable Diffusion 进行实用性工作时，常会遇到许多问题。例如，很多内容创作
者在利用文本生成漫画或视频时，需要保持角色的一致性，至少主角的年龄、体型等主要特
征不能总是变来变去。WebUI 的老用户都知道，ControlNet 中有一个名为 Reference 的预
处理器，可以有效地解决这个问题。在 ComfyUI 中，Reference、IP-Adapter、Instant_ID 等
预处理器都要安装对应的自定义后才能使用。

所需自定义节点	ComfyUI_experiments
完成工作流文件	附赠素材/工作流/ControlNet_角色一致性.json

要获得一致性
的角色，首先需要在
默认工作流中选择
适合的风格大模型，
并用提示词描述想
要的角色性别、外貌
和服饰。设置生成尺
寸后开始生成图像，
得到满意的效果图
后，锁定随机种子，
如图 5-53 所示。

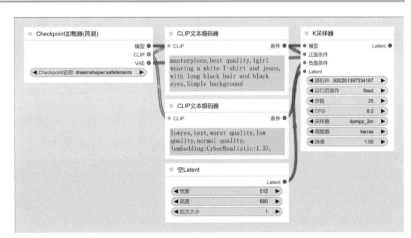

图 5-53

接下来，创建高清修复流程，将生成的图片将作为角色的形象模板，如图 5-54 所示。

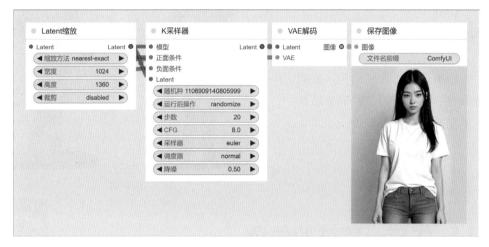

图 5-54

安装自定义节点 ComfyUI_experiments 后，在桌面上双击，搜索并添加"简易仅参考"节点。把新建节点的"模型"输入端口连接到"Checkpoint 加载器（简易）"节点，把两个输出端口连接到"K 采样器"节点。在"简易仅参考"节点中，通过"批次大小"参数来设置同时生成的图片数量。用户需要根据自己的显存容量来调整该参数，如图 5-55 所示。

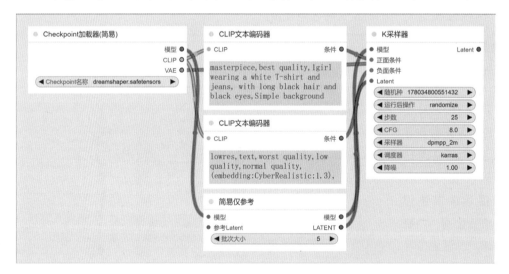

图 5-55

搜索并添加"加载图像""图像缩放"和"VAE 编码"节点，把这三个节点的"图像"端口连接起来，然后参照图 5-56 连接其余的端口。

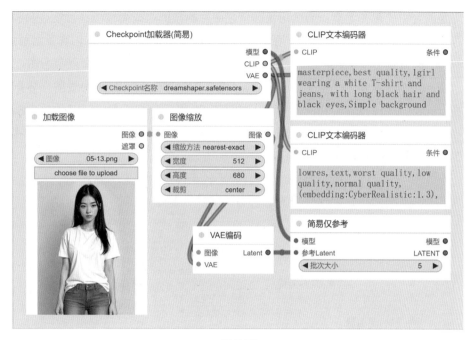

图 5-56

载入角色形象模板后，输入描述环境的提示词，就能生成一组外貌和服饰特征相同的图片，如图 5-57 所示。

在提示词中修改环境、服装和动作的描述，仍然可以得到面部、头发等特征与参考图一致的生成结果，如图 5-58 所示。

图 5-57

图 5-58

色彩是图片中的重要元素。为了用色彩营造图片的氛围，或者模拟各种镜头和胶片的光感，我们可以找一张照片作为参考图。搜索并添加"加载图像""Shuffle 内容重组预处理器"和"ControlNet 应用"节点，把这三个节点的"图像"端口连接起来后载入参考图。

从"ControlNet 应用"节点的 ControlNet 端口创建"ControlNet 加载器"节点，在菜单中选择 control_V11e_sd15_shuffle 模型，如图 5-59 所示。把正向提示词的输出端口连接到"ControlNet 应用"节点的输入端口，把"ControlNet 应用"节点的输出端口连接到"K采样器"的"正面条件"端口。

图 5-59

Shuffle 模型的作用是把参考图中的像素位置扭曲打乱后重新随机排列，然后利用预处理器处理图像上的线条、颜色、纹理等特征来引导生成过程。再次运行工作流，就能让生成结果获得和参考图一致的色调，如图 5-60 所示。

ControlNet 中的"Color 颜色预处理器"和 Shuffle 都用于迁移色彩，只不过一个是把参考图打散成色块，另一个是把参考图打散成扭曲的色彩和线条，如图 5-61 所示。

图 5-60

 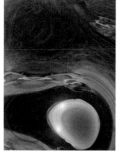 

参考图 　　　　　 Shuffle 　　　　　 Color

图 5-61

5.6 相同场景下的不同氛围

把预处理器、"ControlNet 应用"和"ControlNet 加载器"节点组合到一起形成一个控制模块。当我们需要对画面进行更多控制时，可以用多个 ControlNet 模块组成网络，共同影响生成结果。本节将利用这个思路，在不改变画面内容和构图的情况下，修改图片的色彩和氛围。

完成工作流文件	附赠素材/工作流/ControlNet_控制网络.json

首先按照图生图的搭建方法，在默认工作流上删除"空 Latent"节点，搜索并添加"加载图像"和"VAE 编码"节点。把新建的节点和"K 采样器"节点连接起来后，载入需要修改的图片，如图 5-62 所示。

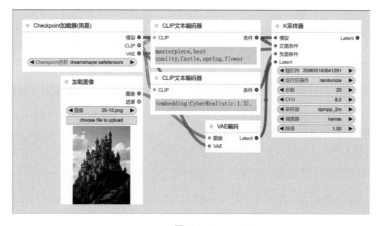

图 5-62

搜索并添加"ControlNet应用"和"Shuffle内容重组预处理器"节点。从"Shuffle内容重组预处理器"节点的输入端口创建"加载图像"节点，选择一张图片以引导生成结果的色彩和明暗度。从"ControlNet应用"节点的ControlNet端口创建"ControlNet加载器"节点，并在菜单中选择ontrol_v11e_sd15_shuffle模型，如图5-63所示。

复制 ControlNet 加载器和"ControlNet 应用"节点，在

图 5-63

复制的 ControlNet 模块中选择 control_v11p_sd15_lineart 模型，然后连接"LineArt 艺术线预处理器"节点，如图 5-64 所示。这个模块的作用是通过线条的引导，让参考图的构图和内容保持不变。

图 5-64

再次复制 ControlNet 加载器和"ControlNet 应用"节点，在复制的 ControlNet 模块中选择 control_v11fle_sd15_tile 模型，然后连接"Tile 平铺预处理器"节点。这个模块的作用

是还原参考图中的细节。接下来，把三个"ControlNet 应用"节点的"条件"端口连接起来，如图 5-65 所示。

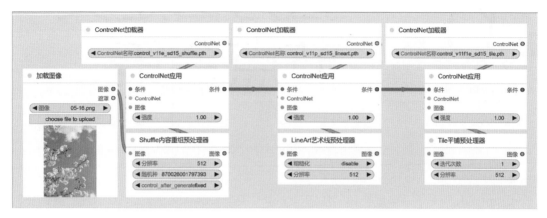

图 5-65

把"图像缩放"节点的输出端口连接到"LineArt 艺术线预处理器"和"Tile 平铺预处理器"节点的输入端口。把正向提示词的输出节点连接到第一个"ControlNet 应用"节点的"条件"端口，并把第三个"ControlNet 应用"节点的输出端口连接到"K 采样器"节点的"负面条件"端口。

在第一个"ControlNet 应用"节点中把"强度"参数设置为 0.8，在其余两个"ControlNet 应用"节点中把"强度"参数设置为 0.3。在提示词中输入 Spring,flowers 这样的描述后，运行工作流，重绘的效果如图 5-66 所示。

把连接"Shuffle 内容重组预处理器"节点的参考图替换成冬季的照片，然后把春天和花朵的提示词替换成 winter，这样就能融合参考图的色彩和氛围，如图 5-67 所示。

图 5-66　　　　　　　　　　　　　　　　　　　图 5-67

第**6**章 | 强力自定义节点合集

第 章 Chapter

Stable
Diffusion-ComfyUI
AI 绘画工作流解析

　　ComfyUI 是一个节点集合体，从理论上讲，只要安装更多的自定义节点，就能无限扩展 ComfyUI 的功能。虽然我们在前面的内容中使用了很多自定义节点，但 ComfyUI-Manager 中仍然有大量等待发掘的宝藏。限于篇幅，本章只能精选几个最实用的自定义节点，以帮助我们更快、更好地生成图片和视频。

▓ 6.1 用肖像大师随意捏脸

　　喜欢玩游戏的读者肯定对捏脸功能不陌生。在 ComfyUI 中，我们只需安装一款名为"肖像大师"的自定义节点，就能像在游戏中一样，通过选项和滑块随意创建和修改角色的脸型、胖瘦、年龄等外貌特征。在生成角色图片时，再也不用书写和删改提示词了。

所需自定义节点	comfyui-portrait-master-zh-cn
完成工作流文件	附赠素材/工作流/局部重绘_BrushNet.json

　　在管理器中搜索 portrait master 时能看到两个版本，其名称中带 zh-cn 的是汉化后的简体中文版，如图 6-1 所示。

　　分别在两个提示词节点上右击，依次选择"转换为输入"→"转换文本为输入"命令。然后在画布的空白处双击，搜索并添加"肖像大师"节点，把新建节点的两个输出端口连接到两个提示词节点。选择一个真实风格的 SDXL 大模型，工作流就搭建完成了，如图 6-2 所示。

　　经过测试，使用"肖像大师"时，生成图片的尺寸不能超过 1024 像素，使用 Lightning 或 Hyper 加速模型能得到最佳效果。在"Checkpoint 加载器"节点上右击，选择"添加 LoRA"命令，并在新建的节点中选择 sdxl_lightning_8step 模型。

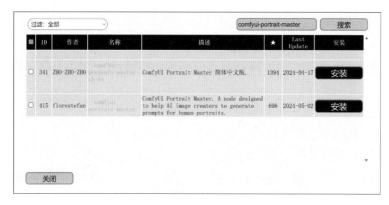

图 6-1

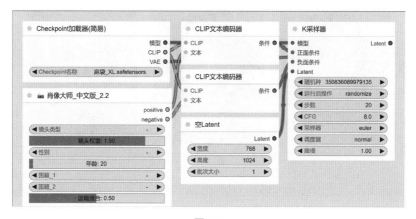

图 6-2

在"K 采样器"节点中依次把"步数"设置为 8、把 CFG 参数设置为 1,在"采样器"菜单中选择 ddim 选项,在"调度器"菜单中选择 sgm_uniform 选项,如图 6-3 所示。

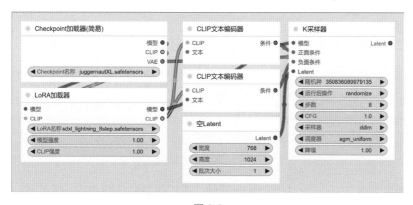

图 6-3

在"肖像大师"节点中，根据需要选择"镜头类型""年龄""面部表情"等选项，并利用"权重"滑块调整选项的作用程度，如图 6-4 所示。在节点的最下方，可以通过提示词修改背景颜色或画风。

调整好大类选项后，我们可以开始生成，得到满意的效果图后，锁定随机种子，再调整"肤色""皮肤""眼睛"等细节。利用非常简单的操作，就能得到想要的人物形象，在加速模型的辅助下，生成效率非常高，如图 6-5 所示。

图 6-4

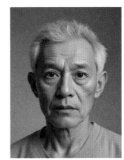

图 6-5

要获取更高画质，并对瞳孔和睫毛等细节进行高清修复，我们需要添加 ControlNet 的 Tile 模块，否则人物的比例可能会产生混乱。从"K 采样器"节点的输出端口创建"Latent 按系数缩放"和另一个"K 采样器"节点，如图 6-6 所示。

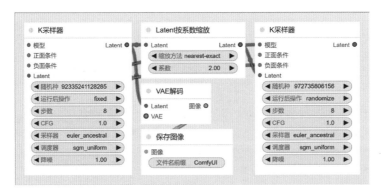

图 6-6

将缩放系数设置为 2，并把两个"K 采样器"节点的参数设置得相同。然后，在第一个"K 采样器"节点后面添加"VAE 解码"和"保存图像"节点，如图 6-7 所示。

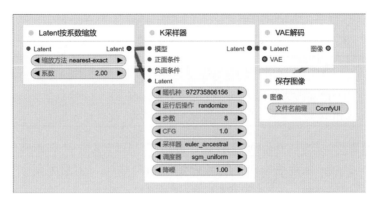

图 6-7

在画布的空白处双击，搜索并添加"Tile 平铺预处理器"节点，把"迭代次数"设置为 1。继续添加"ControlNet 应用"和"ControlNet 加载器"节点，选择适用于 SDXL 的 TTPLANET_Controlnet_Tile_realistic_v2_fp16 模型，如图 6-8 所示。

图 6-8

把第一个"VAE 解码"节点的输出端口连接到"Tile 平铺预处理器"节点的输入端口，把正向提示词的输出端口连接到"ControlNet 应用"节点的输入端口，然后把"ControlNet 应用"节点的输出端口连接到第二个"K 采样器"节点的"正面条件"节点。现在运行工作流，就能生成精细到毛孔的高质量图片，如图 6-9 所示。

图 6-9

6.2 风格迁移和多图融合

在 WebUI 中，IPAdapter 只是 ControlNet 中的一个预处理器，主要用于风格参考和换脸。在 ComfyUI 中，IPAdapter 不仅独立出来，就 nodecafe 用户的评价而言，它还超越了

ControlNet，成为仅次于 ComfyUI 和 ComfyUI-Manager 的第三大自定义节点。本节我们将来体验一下 IPAdapter 的神奇功能，了解它为何能赢得如此多用户的青睐。

所需自定义节点	ComfyUI_IPAdapter_plus
完成工作流文件	附赠素材/工作流/IPAdapter_风格参考.json 附赠素材/工作流/IPAdapter_风格融合.json

我们首先搭建新版的 IPAdapter 工作流。载入默认工作流后，在画布的空白处双击，搜索和添加"IPAdapter 加载器"和"应用 IPAdapter"节点，然后把两个节点的"模型"和 IPAdapter 端口连接起来。从"应用 IPAdapter"节点的"图像"端口创建"加载图像"节点，选择一张图片作为参考图，如图 6-10 所示。

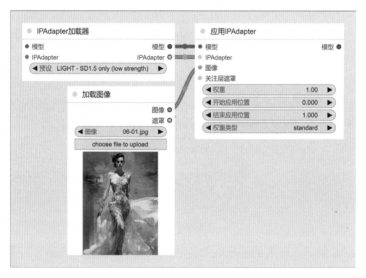

图 6-10

把"Checkpoint 加载器"节点的"模型"输出端口连接到"IPAdapter 加载器"节点，把"应用 IPAdapter"节点的输出端口连接到"K 采样器"节点，工作流就搭建完成了。选择一个 SDXL 版大模型，在"IPAdapter 加载器"节点中选择"标准（中强度）"，在"K 采样器"节点中把 CFG 参数设置为 1.5。在不输入任何提示词的情况下运行工作流，即可得到与参考图的画风和内容完全一致的生成结果，如图 6-11 所示。

图 6-11

170

现在我们用提示词修改画面内容，例如生成一位穿着盔甲的女战士。如果使用当前的设置生成图片，由于 IPAdapter 的控制力太强，提示词几乎不起作用。在"应用 IPAdapter"节点的"权重类型"菜单中选择 prompt is more important 选项，以使生成结果更偏向提示词，从而得到符合描述的内容。而 style transfer 选项则使 IPAdapter 只传输参考图的风格，内容完全由提示词控制，如图 6-12 所示。

standard   prompt is more important   style transfer

图 6-12

在"K 采样器"节点中，降低 CFG 参数数值可以更好地体现参考图的画风，而增大该参数数值则可以使画面内容更符合提示词，如图 6-13 所示。

CFG=1.5   CFG=3   CFG=6

图 6-13

在 IPAdapter V2 版本中，只需在"IPAdapter 加载器"中选择一个预设，系统就会根据正在使用的大模型版本自动搭配 clip-vision、IPAdapter 和 Lora 模型。在预设中选择的强度越高，风格特征体现得越明显。而选择"PLUS FACE（肖像）"还可以获得逼真的换脸效果，如图 6-14 所示。

参考图　　　　　VIT-G（中强度）　　　PLUS FACE（肖像）

图 6-14

　　IPAdapter 还可以进行风格融合。删除"应用 IPAdapter"节点后，搜索并添加"IPAdapter 风格合成 SDXL"节点。分别从新建节点的"风格图像"和"合成图像"端口创建"加载图像"节点，选择两张图片作为参考图。

　　将"IPAdapter 加载器"节点连接到"IPAdapter 风格合成 SDXL"节点，在菜单中选择"VIT-G（中强度）（VIT-G（medium strength））"，以给 AI 和提示词一定的发挥空间，如图 6-15 所示。

图 6-15

　　在"K 采样器"节点中把 CFG 参数设置为 6，运行工作流即可把两张参考图上的主要特征融合到一起。在"IPAdapter 风格合成 SDXL"节点上，可以通过调整"风格权重"和"合成权重"参数来控制两个特征元素各自的作用程度，如图 6-16 所示。

　　IPAdapter 的第三种用法是参考构图。首先删除"IPAdapter 加载器"和"IPAdapter 风格合成 SDXL"节点,然后搜索并添加"CLIP 视觉图像处理"和"应用 IPAdapter(高级)"节点,把两个新建节点和"加载图像"节点连接起来,如图 6-17 所示。

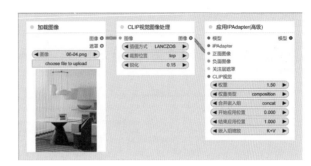

风格权重 =1.5   合成权重 =1.5

图 6-16   图 6-17

从"应用 IPAdapter(高级)"节点的 IPAdapter 端口创建"IPAdapter 模型加载器"节点,并选择 ip-adapter_sdxl_vit-h 模型。从 CLIP 端口创建"CLIP 视觉加载器"节点,选择 CLIP-ViT-H-14-laion2B-s32B-b79K 模型,如图 6-18 所示。

图 6-18

在"应用 IPAdapter(高级)"节点中,将"权重"参数设置为 1.5,在"嵌入组缩放"菜单中选择 K+V,在"权重类型"菜单中选择 composition。现在运行工作流,IPAdapter 将只传输参考图上的构图信息,其他内容完全由提示词和大模型控制,如图 6-19 所示。

图 6-19

如果生成结果上出现了许多噪点或黑斑，可以在"加载图像"后面添加"IPAdapter 噪波"节点，然后把输出端口连接到"应用 IPAdapter（高级）"节点的"负面图像"端口，如图 6-20 所示。在"IPAdapter 噪波"节点的"类型"菜单中选择 shuffle 选项，就能得到更干净的画面。

> **注意** 界面中的噪波就是我们前文统一术语用的噪声，在本书中它们的概念是一样的。

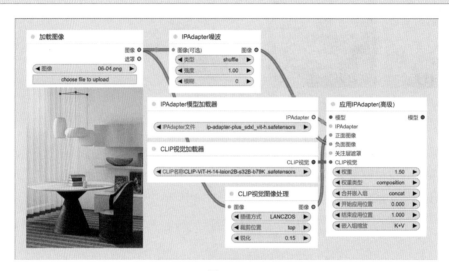

图 6-20

如果生成结果比较模糊，我们可以在"IPAdapter 噪波"节点的"类型"菜单中选择 dissolve，依次把"强度"参数设置为 0，把"模糊"参数设置为 5。这样，"IPAdapter 噪波"节点会将参考图处理成模糊的图片，应用到"负面图像"端口后，可以得到更锐利的图片。

除使用"IPAdapter 噪波"节点外，我们还可以利用"负面图像"对生成结果进行精细处理。例如，生成一张图片后，如果我们想降低画面中的高光或减少裸露部位，可以从"负面图像"端口创建"加载图像"节点，然后添加"图像形态学"节点，如图 6-21 所示。

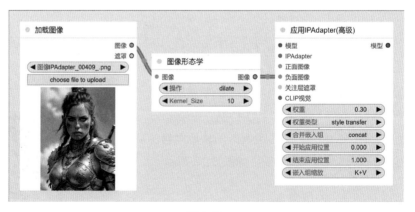

图 6-21

在"加载图像"节点中加载生成结果，在"图像形态学"节点的"操作"菜单中选择 dilate 选项，把 Kemel_Size 参数设置为 10。应用负面图像前后的对比效果如图 6-22 所示。

图 6-22

6.3 最逼真的换脸效果

AI 摄影的商用落地较早，于是换脸成了 Stable Diffusion 中很热门的一项功能。在 ComfyUI 中，IPAdapter 的 FaceID、InstantID 和 PuLID 是目前效果最好的三种换脸方式。本节将介绍如何使用这三个自定义节点进行换脸操作。

所需自定义节点	ComfyUI_InstantID和PuLID_ComfyUI
完成工作流文件	附赠素材/工作流/换脸_FaceID.json 附赠素材/工作流/换脸_InstantID.json 附赠素材/工作流/换脸_PuLID.json

我们先使用 IPAdapter 的 FaceID 进行换脸。载入默认工作流后，在画布的空白处双击，搜索并添加"应用 IPAdapterFaceID"和"IPAdapterFaceID 加载器"节点。把两个节点的"模型"和 IPAdapter 端口连接起来，如图 6-23 所示。

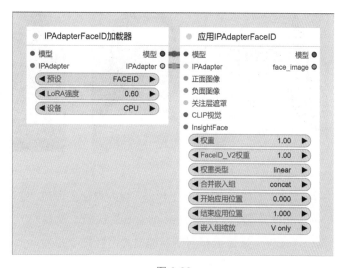

图 6-23

在"应用IPAdapterFaceID"节点中,将"FaceID_V2权重"参数设置为2,从"正面图像"端口创建"加载图像"节点,并载入需要替换的面部图片。在"IPAdapterFaceID加载器"节点的"预设"菜单中选择FACEID PLUS V2选项,如图6-24所示。

图 6-24

把"Checkpoint加载器"节点的"模型"端口连接到"IPAdapterFaceID加载器"节点,把"应用IPAdapterFaceID"节点的"模型"端口连接到"K采样器"节点。选择一个SDXL大模型,然后输入想要的画面内容提示词,并在"K采样器"节点中把CFG参数设置为6.5。运行工作流,换脸的效果如图6-25所示。

切换成卡通风格的大模型,同样可以很好地还原参考图上的面部特征,如图6-26所示。

图 6-25   图 6-26

接下来,创建InstantID工作流。载入默认工作流,在画布的空白处双击,搜索并添加"应用InstantID"节点。把"Checkpoint加载器(简易)"节点的"模型"端口和提示词节点的两个"条件"端口连接到新建的节点,并把"应用InstantID"节点的输出端口全部连接到"K采样器"节点,如图6-27所示。

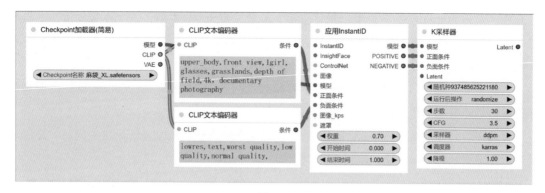

图 6-27

从"应用 InstantID"节点的 InstantID 端口创建"InstantID 模型加载器"节点，从 InsightFace 端口创建"InstantID 面部分析"节点，从 ControlNet 端口创建"ControlNet 加载器"节点，然后选择 diffusion_pytorch_model 模型。从"图像"端口创建"加载图像"节点，载入要替换的脸部图片，如图 6-28 所示。

图 6-28

继续从"应用 InstantID"节点的"图像_kps"端口创建"加载图像"节点，然后载入一张包含人物的图片。InstantID 会从这张图片上读取面部的大小和位置信息，从而决定生成结果的构图，如图 6-29 所示。

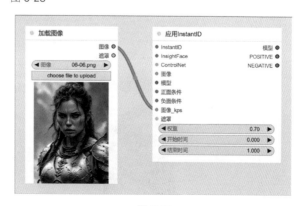

图 6-29

在"应用 InstantID"节点中，把"权重"参数设置为 0.8 左右，在"K 采样器"节点中把 CFG 参数设置为 4 左右，如果生成结果出现过度曝光现象，可以降低这两个参数值。选择风格大模型后输入提示词，生成结果如图 6-30 所示。

在脸型和面部细节方面，InstantID 的换脸效果略逊于 FaceID，但 InstantID 的画面整体感更好，看起来更自然，更像真实照片。

在将图片转绘成卡通风格时，InstantID 的效果非常出色，兼顾画面风格的同时，还能准确还原参考图上的面部特征，如图 6-31 所示。

图 6-30

图 6-31

最后，搭建 PuLID 工作流。载入默认工作流后，在画布的空白处双击，搜索并添加"应用 PuLID"节点。从新建节点的 PuLID 端口创建"PuLID 模型加载器"节点，从 EVA_CLIP 端口创建"PuLIDEVAClip 加载器"节点，从"面部分析模型"端口创建"PuLIDInsightFace 加载器"节点，继续从"图像"端口创建"加载图像"节点，然后载入要呈现的脸部图片，如图 6-32 所示。

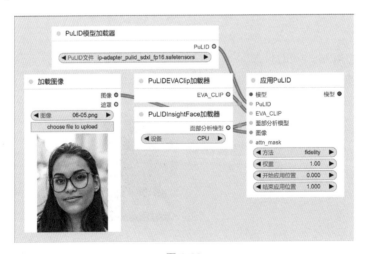

图 6-32

把"Checkpoint 加载器"节点的输出端口连接到"应用 PuLID"节点，在"应用 PuLID"节点中把"权重"参数设置为 0.9，然后把输出端口连接到"K 采样器"节点。运行工作流，换脸效果如图 6-33 所示。

PuLID 的换脸效果只能说一般，虽然可以还原参考图上的脸型和主要特征，但在细节方面不如 FaceID，在相似度方面不如 InstantID。它的优点是可以挂载 Lightning 或 Hyper 加速流程，适合作为快速出图方案。

PuLID 的风格转绘效果非常好，在相似度和风格程度方面都优于 FaceID 和 InstantID，如图 6-34 所示。

图 6-33

图 6-34

6.4 直接生成透明图层

Layer Diffusion 是一个可以直接生成透明背景的自定义节点。虽然目前这个自定义节点的实用性不强，但它指明了 AI 绘图的一个重要发展方向。如果能实现分层生成图片的话，Layer Diffusion 一定会成为继 ControlNet 之后的又一款神级插件。

所需自定义节点	ComfyUI-layerdiffuse
完成工作流文件	附赠素材/工作流/layerdiffuse_生成透明图层.json 附赠素材/工作流/layerdiffuse_合成前景.json

载入默认工作流后，搜索并添加"应用 LayerDiffusion"节点。把"Checkpoint 加载器（简易）"节点的"模型"端口连接到新建的节点，把"应用 LayerDiffusion"节点的输出端口连接到"K 采样器"节点，如图 6-35 所示。

接下来，搜索并添加"LayerDiffusion 解码（RGBA）"节点。把新建节点的"图像"输入端口连接到"VAE 解码"节点，把 Latent 端口连接到"K 采样器"节点，如图 6-36 所示。

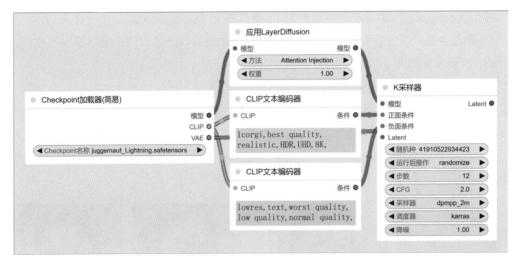

图 6-35

图 6-36

Layer Diffusion 目前只能使用 SDXL 大模型，生成图像的尺寸必须设置成 1024×1024 像素。输入提示词后运行工作流，就能得到透明背景的图片，如图 6-37 所示。我们可以利用"应用 LayerDiffusion"节点中的"权重"参数来控制背景的透明度。

图 6-37

在"VAE 解码"节点后面添加"LayerDiffusion 解码"和"遮罩到图像"节点。把"K 采样器"节点的输出端口连接到"LayerDiffusion 解码"节点，就能得到对象的遮罩，如图 6-38 所示。

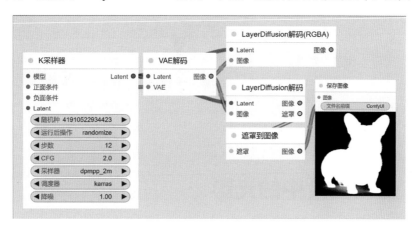

图 6-38

Layer Diffusion 还提供了前景合成和背景合成功能。在默认工作流中，搜索并添加"加载图像"和"图像缩放"节点，把两个节点连接起来，然后在"图像缩放"节点中把"宽度"和"高度"参数设置为 1024，如图 6-39 所示。

接着，添加"VAE 编码"和"应用 LayerDiffusion 条件"节点。在"应用 LayerDiffusion 条件"节点的"图层类型"菜单中选择 Background 选项，如图 6-40 所示。

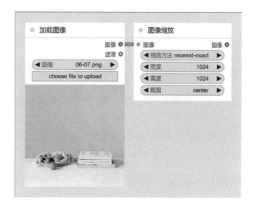

图 6-39

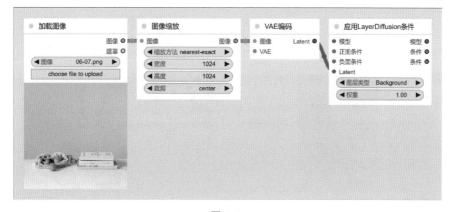

图 6-40

181

把"Checkpoint 加载器（简易）"节点和两个提示词的输出端口连接到"应用 LayerDiffusion 条件"节点，然后将其转接到"K 采样器"节点。运行工作流，结果如图 6-41 所示。

图 6-41

6.5 重塑图片中的光影

IC-Light 是张吕敏继 ControlNet 和 Layer Diffusion 后的又一力作。这项技术可以通过提示词、背景图像或光源图作为模拟和调整光线的条件，实现给图片重新打光的目的。在 AI 摄影、商品图等实际应用中，IC-Light 拥有非常广阔的应用前景。

所需自定义节点	IC-Light-ComfyUI-Node和ComfyUI-IC-Light
完成工作流文件	附赠素材/工作流/IC-Light.json

清除画布上的所有节点，在画布的空白处右击，依次选择"新建节点"→"Essen 节点"→"图像缩放"命令。从新建节点的输入端口创建"加载图像"节点，载入需要重新打光的图片。接着，搜索并添加"形状遮罩"节点，在新建节点上右击，把"宽度"和"高度"参数转换为输入端口，然后连接到"图像缩放"节点，如图 6-42 所示。

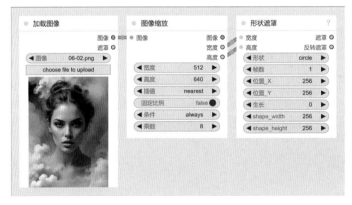

图 6-42

搜索并添加"遮罩模糊生长""重映射遮罩范围"和"遮罩到图像"节点。把新建节点的所有"遮罩"端口连接起来，如图 6-43 所示。

图 6-43

从"遮罩到图像"节点的输出端口创建"预览图像"节点。在"形状遮罩"节点中设置遮罩，即光源的形状、大小和位置。在"遮罩模糊生长"节点中设置光源的模糊程度，在"重映射遮罩范围"节点中设置光源的亮度，如图 6-44 所示。

至此，光源部分的设置完成了。接下来，开始设置模型和采样组件。搜索添加"Checkpoint 加载器"节点，载入一个 SD 1.5版本的大模型，IC-Light 目前不支持 SDXL

图 6-44

大模型。继续搜索并添加"读取扩散模型"和"加载 ICLightUnet"节点，如图 6-45 所示。

图 6-45

从"加载 ICLightUnet"节点的输出端口创建"ICLight 采样器"节点，然后继续创建"VAE 解码"和"保存图像"节点，如图 6-46 所示。

图 6-46

从"ICLight 采样器"节点的 Latent 输入端口和"背景 Latent"端口分别创建"VAE 编码"节点，如图 6-47 所示。然后，把"图像缩放"节点的输出端口连接到上方的"VAE 编码"节点，把"遮罩到图像"节点的输出端口连接到下方的"VAE 编码"节点。

图 6-47

在"ICLight 采样器"节点中输入想要的灯光颜色对应的提示词，然后运行工作流，生成的效果图如图 6-48 所示。

图 6-48

6.6 输入文字生成视频

OpenAI 公司发布的 Sora 模型让人们领略到了文生视频的无限魅力，同时也标志着继文字和图片之后，AI 技术已突破至视频领域。在 ComfyUI 中，我们可以使用一款名为 AnimateDiff 的自定义节点，即使在家用级别的显卡上，也能实现文生视频、图生视频和视频风格迁移的功能。

所需自定义节点	ComfyUI-AnimateDiff-Evolved、ComfyUI-VideoHelperSuite和 ComfyUI Frame Interpolation
完成工作流文件	附赠素材/工作流/AnimateDiff_风格迁移.json

首先，创建文生视频流程。载入默认工作流，选择 SD 1.5 大模型后，输出想要的画面内容提示词。在"空 Latent"节点中设置视频尺寸，并利用"批次大小"参数设置视频的总帧数。从"VAE 解码"节点的 VAE 端口创建"VAE 加载器"节点，并载入 kl-f8-anime2 模型。接着，删除"保存图像"节点，替换为"合并为视频"节点，如图 6-49 所示。

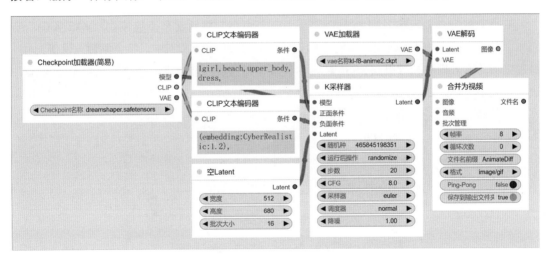

图 6-49

在画布的空白处双击，搜索并添加"AnimateDiff 加载器 Gen1"节点，并在"模型"菜单中选择 v3_sd15_mm 模型。把新建节点的"模型"输入端口连接到"Checkpoint 加载器"节点上，然后把输出端口连接到"K 采样器"节点上，如图 6-50 所示。

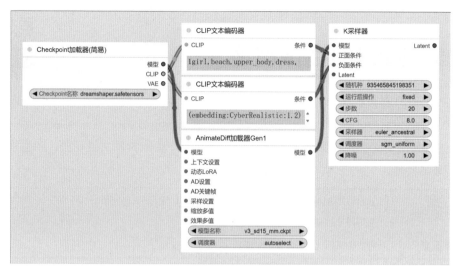

图 6-50

现在运行工作流生成视频。"空 Latent"节点中的视频总帧数为 16 帧，且"合并为视频"节点中的"帧率"也设置为 16 帧，因此生成的视频长度为 1 秒。由于帧率较低，因此生成的视频可能会出现卡顿现象。

在画布的空白处双击，搜索添加 RIFE VFI 节点，并将新建节点连接到"VAE 解码"节点和"合并为视频"节点之间，如图 6-51 所示。在 RIFE VFI 节点中，将"乘数"设置为 4，通过插帧的方式把总帧数提高到 61 帧。在"合并为视频"节点中，把"帧率"设置为 32，这样可以生成接近 2 秒的平滑视频。

图 6-51

当需要放大视频时，我们可以在"VAE 解码"节点后面添加"图像通过模型放大"节点和"放大模型加载器"节点，以便利用放大模型快速放大视频，如图 6-52 所示。

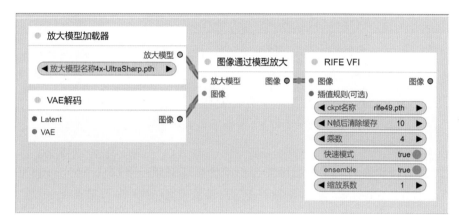

图 6-52

如果显卡有余力，还可以像高清修复图片那样，在"K 采样器"后面创建"Latent 按系数缩放"节点和"K 采样器"节点，然后把"降噪"参数设置为 0.7 左右，如图 6-53 所示。

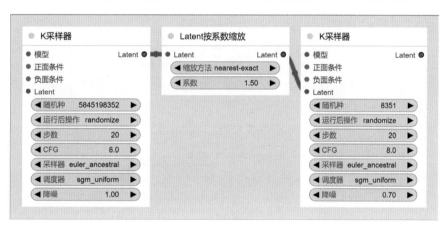

图 6-53

如果需要生成时间更长的视频，可以在"空 Latent"节点中提高"批次大小"参数。因为 AnimateDiff 的动画模型是基于 16 帧的素材训练的，所以最好把"批次大小"设置为 16 的倍数。接着，从"AnimateDiff 加载器 Gen1"节点的"上下文设置"端口创建"上下文设置（标准统一）"节点，如图 6-54 所示。假设把总帧数设置为 32，则需把"上下文长度"参数设置为 16，这样整个视频会被拆分成两段。使用"上下文步长"参数可以控制两段视频之间的变化程度，通常情况下不建议修改此参数。

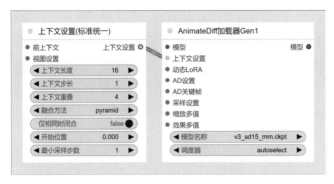

图 6-54

要生成第一帧和最后一帧的画面完全相同的循环视频，可以从"AnimateDiff 加载器 Gen1"节点的"上下文设置"端口创建"上下文设置（循环统一）"节点。

如果希望视频画面产生镜头运动效果，可以从"AnimateDiff 加载器 Gen1"节点的"动态 LoRA"端口创建"动态 LoRA 加载器"节点，并加载对应的 Lora 模型。使用"强度"参数可以控制镜头的运动幅度，如图 6-55 所示。

添加动态 Lora 模型后，确保在"AnimateDiff 加载器 Gen1"节点的"模型名称"菜单中选择 mm_sd_v15_v2 模型，否则运动模型不会生效。

图 6-55

AnimateDiff 支持 LCM 和 Lightning 加速。以 Lightning 加速为例，在"AnimateDiff 加载器 Gen1"节点的"模型名称"菜单中选择 animatediff_lightning_8step_comfyui 模型。然后在"K 采样器"节点中依次把"步数"设置为 8，把 CFG 参数设置为 1，如图 6-56 所示。这样就能数倍提升视频的生成速度。当然，视频的画质可能会有一定程度的损失。

如果在"AnimateDiff 加载器 Gen1"节点的"模型名称"菜单中选择 mm_sdxl_v10_beta 模型，并在"调度器"菜单中选择 linear(AnimateDiff-SDXL) 选项，就可以使用 SDXL 版的大模型生成视频，如图 6-57 所示。

图 6-56

图 6-57

6.7 利用图片生成视频

　　SVD 是一个用图片生成视频的自定义节点。SVD 的使用比较简单,且生成效果非常出色。目前,它的主要局限性在于不能利用提示词来控制运动,因此在生成带有运动的人脸和人体时,效果可能不尽如人意。本节将介绍 SVD 的使用方法。

完成工作流文件	附赠素材/工作流/SVD.json

　　清除画布上的所有节点后,在画布的空白处双击,搜索并添加"Checkpoint 加载器(仅图像)"节点,载入 svd_xt 模型。接着,搜索并添加"SVD_图像到视频_条件"节点。在这个节点中,设置视频的尺寸、帧数和帧率。使用"动态 bucketID"参数控制视频画面的运动幅度,"增强"参数用于控制向图片中添加的噪声量。添加的噪声越多,生成结果中的旋转、缩放或颜色变化也会越明显,如图 6-58 所示。

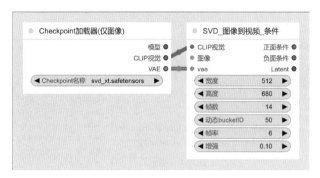

图 6-58

从"SVD_图像到视频_条件"节点的 Latent 端口创建"K 采样器"节点，并将 CFG 参数设置为 2.5。接下来，把 VAE、"正面条件"和"负面添加"端口连接起来，如图 6-59 所示。

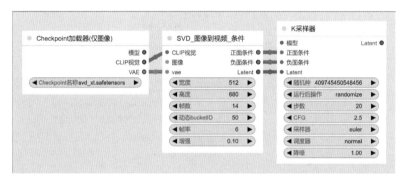

图 6-59

从"SVD_图像到视频_条件"节点的"图像"端口创建"加载图像"节点。接着，搜索并添加"线性CFG引导"节点，并把新建的节点连接到"Checkpoint加载器（仅图像）"和"K采样器"节点之间，如图 6-60 所示。

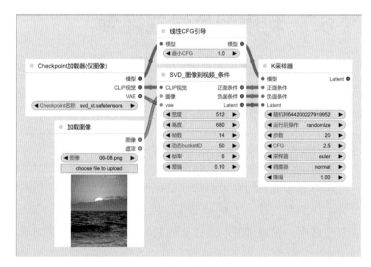

图 6-60

从"K 采样器"节点的输出端口创建"VAE 解码"节点,然后从"VAE 解码"节点的输出端口创建"保存 WEBP"节点。至此,基本的 SVD 工作流就创建完成了,如图 6-61 所示。

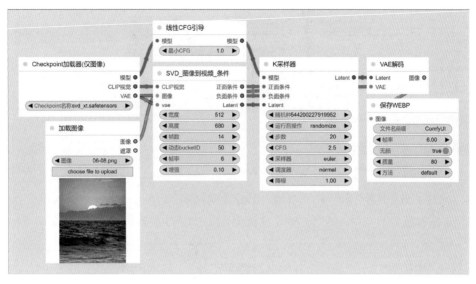

图 6-61

为了获得更平滑的视频,我们可以像 AnimateDiff 工作流那样,在"VAE 解码"和"合并为视频"节点之间添加 RIFE VFI 节点。在 RIFE VFI 节点中,把"乘数"设置为 3,在"合并为视频"节点中把"帧率"设置为 18,如图 6-62 所示。

图 6-62

SVD 工作流同样可以使用 Hyper 或 Lightning 加速。在"Checkpoint 加载器(仅图像)"和"线性 CFG 引导"节点之间添加"LoRA 加载器"节点,载入加速模型。然后,搜索并添加"Checkpoint 加载器(简易)"节点,把 CLIP 端口连接到"LoRA 加载器"节点,如图 6-63 所示。

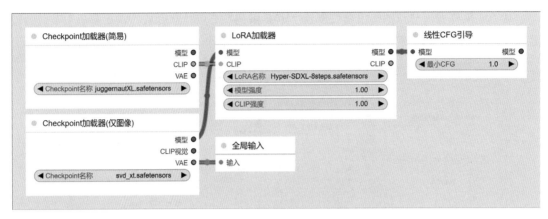

图 6-63

在"线性 CFG 引导"和"K 采样器"节点之间添加"FreeU_V2 模型重加权"节点。最后，在"K 采样器"节点中，把"步数"设置为 8，把 CFG 参数设置为 1，如图 6-64 所示。

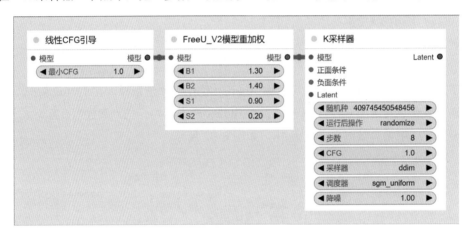

图 6-64

第7章
Chapter

工作流典型
应用实战

Stable
Diffusion-ComfyUI
AI 绘画工作流解析

在本书的最后一章，我们将综合运用前面所学的所有内容，搭建几个实用性非常强的工作流，通过实践来检验自己对常用自定义节点的熟悉程度，以及搭建和管理复杂流程的能力。

▦ 7.1 艺术二维码生成器

二维码在现代生活中随处可见。借助 AI 绘图功能，我们可以轻松地把自己定义的形象或文字与二维码图案融合到一起，把普普通通的二维码打造成极具个性的展示和宣传手段。

完成工作流文件	附赠素材/工作流/艺术二维码.json

艺术二维码的完整工作流由三个部分组成。第一个部分是用标准的文生图流程生成所需的画风和形象。第二个部分是生成正常的二维码图片，并添加两个 ControlNet 的预处理器，把二维码和设定好的形象融合到一起。第三个部分进行高清修复，在放大图片的同时确保二维码能够被正常扫描。

载入默认工作流时，因为这个工作流需要使用的两个 ControlNet 预处理器只支持 SD 1.5 模型，所以我们先在"Checkpoint 加载器（简易）"节点中选择一个相同版本的大模型。为了获得更好的效果，在"Checkpoint 加载器（简易）"节点上右击，选择"添加 CLIP Skip"命令，并把"停止在 CLIP 层"设置为 –2，如图 7-1 所示。

接下来，输入描述画面内容的提示词，英文不好的用户可以使用 SixGodPrompts 节点替换正向提示词节点，以便能直接输入中文提示词。接下来，在 control_after_generate 菜单中选择 fixed 选项。在反向提示词节点中，首先套用模板，然后利用 Embedding 模型来提升画质，如图 7-2 所示。

图 7-1

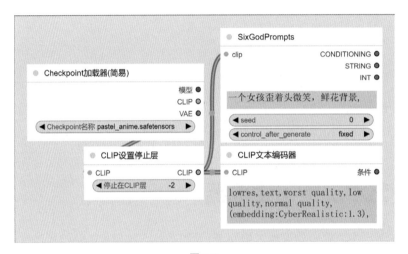

图 7-2

在"K 采样器"节点中,把"采样器"设置为 SD 1.5 大模型常用的 dpmpp_2m,并在"调度器"菜单中选择 karras 选项。从"VAE 解码"节点的 VAE 端口创建"VAE 加载器"节点,并选择最常用的 840000 模型,如图 7-3 所示。

图 7-3

为了便于管理工作流的运行并简化连线，我们创建一个分组，把当前的所有节点容纳到其中。在"VAE 加载器"和"K 采样器"节点的输出端口以及"Checkpoint 加载器（简易）"节点的"模型"端口创建"全局输入"节点。

运行工作流，查看生成结果的画风和内容是否符合预期。得到满意的效果图后，在"K 采样器"节点中锁定随机种子，如图 7-4 所示

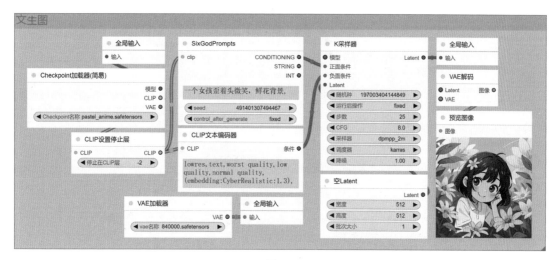

图 7-4

在画布的空白处双击，搜索并添加 QR Code Generator 和"预览图像"节点，然后把两个节点连接起来。在 QR Code Generator 节点中输入二维码的信息类型，把 size 参数设置为 1024，如图 7-5 所示。

图 7-5

搜索并添加"ControlNet 应用"节点，然后从新建节点的 ControlNet 端口创建"ControlNet 加载器"节点，选择 control_v1p_sd15_qrcode_monster 模型。把 QR Code Generator 节点和"ControlNet 应用"节点的"图像"端口连接起来，如图 7-6 所示。

复制"ControlNet 应用"节点，把两个节点的"条件"端口连接起来，然后把"强度"参数设置为 0.1。从复制节点的 ControlNet 端口创建"ControlNet 加载器"节点，加载 control_v1p_sd15_brightness 模型，如图 7-7 所示。

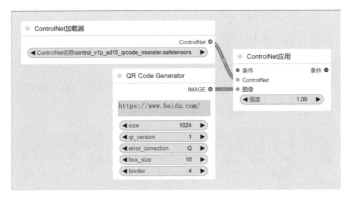

图 7-6

图 7-7

把二维码生成节点和 ControlNet 节点放到一个分组中，搜索并添加"全局提示词"节点。把两个提示词节点输出端口上的连线断开，然后把正向提示词节点的输出端口连接到第一个"ControlNet 应用"节点。接着，把第二个"ControlNet 应用"和反向提示词节点的输出端口连接到"全局提示词"节点，如图 7-8 所示。

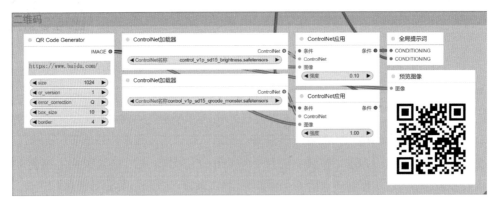

图 7-8

运行工作流，初步的融合效果如图 7-9 所示。由于图片
尺寸较小，为了确保二维码能够被正常扫描识别，还需要添
加高清修复流程。

搜索添加"Latent 按系数缩放""K 采样器"和"VAE
解码"节点，然后把这三个节点的 Latent 端口连接起来。从
"VAE 解码"节点的输出端口创建"保存图像"节点，在"Latent
按系数缩放"节点中把"系数"设置为 2，在"K 采样器"节
点中把"降噪"参数设置为 0.6。将所有高清修复节点放入一
个分组中，完整的工作流就搭建完成了，如图 7-10 所示。

图 7-9

在实际应用中，建议创建"忽略多组"节点，如图 7-11 所示。首先，关闭"高清修复"
和"二维码"组，以测试画风大模型和提示词内容。接下来，开启"二维码"组，然后开始
生成图片，得到满意的效果图后，锁定随机种子。最后，开启"高清修复"组，生成成品图片。

图 7-10

图 7-11

▦ 7.2 完美手部修复工作流

手部修复一直是 AI 画手难以克服的技术缺陷，因此很多时候需要使用专门的工作流来
修复错误的手部。然而，大多数工作流的实际运用效果不佳，即使使用了几十个节点，修复

的成功率仍然很低，通常需要通过大量生成图片的方式来碰碰运气。总结这些工作流的问题，我们会发现，根本问题在于第一步的局部重绘。如果这一步处理不好，即使后面使用再多的节点进行控制，也无法回到正确的轨道上。BrushNet 的出现终于为我们带来了高精度的无缝修复技术。在 ControlNet 的辅助下，使用很少的节点就能一次性修复手部问题，大大提高了修复的成功率。

完成工作流文件	附赠素材/工作流/手部修复.json

手部修复工作流分成三个部分：第一个部分使用 ControlNet 的预处理器提取手部的深度图；第二个部分利用深度图和 BrushNet 的局部重绘流程生成正确的手部；第三个部分配合 ControlNet 的 Tile 预处理器对全图进行高清修复。

在画布的空白处双击，搜索并添加"加载图像""MeshGraphormer 深度预处理器"和"预览图像"节点，然后把这三个节点的"图像"端口全部连接起来，并载入需要修复的参考图。在"MeshGraphormer 深度预处理器"节点中，把"分辨率"参数设置为 1024，"遮罩扩展"参数设置为 10，如图 7-12 所示。

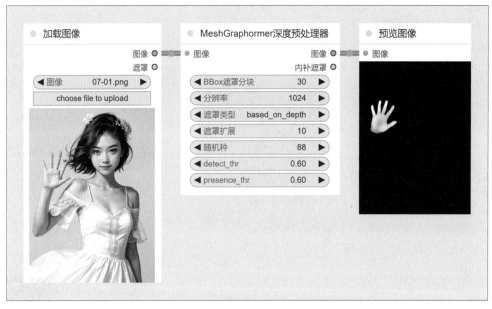

图 7-12

从"MeshGraphormer 深度预处理器"节点的"图像"输出端口创建"ControlNet 应用"节点，并将"强度"参数设置为 2。接着，从新建节点的 ControlNet 端口创建"ControlNet 加载器"节点，载入 control_sd15_inpaint_depth_hand_fp16 模型，如图 7-13 所示。

图 7-13

接下来，创建 BrushNet 的局部重绘流程，用 ControlNet 提取出的深度图替换参考图中的手部。搜索并添加"全局输入 3"节点，把"Checkpoint 加载器"的输出端口全部连接到新建的节点。载入生成参考图的大模型后，删除所有正向和反向提示词，如图 7-14 所示。

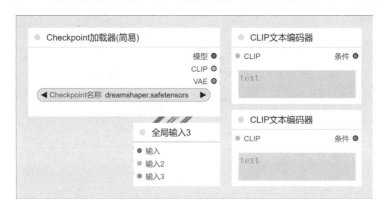

图 7-14

继续搜索和添加 BrushNet 节点，把反向提示词节点的输出端口连接到新建的节点。从 BrushNet 节点的 brushnet 端口创建"BrushNet 加载器"节点，载入 diffusion_pytorch_model 模型，如图 7-15 所示。

图 7-15

把 BrushNet 节点的所有输出端口连接到"K 采样器"节点。按照生成参考图时的设置，在"K 采样器"节点中选择采样器和调度器。断开"VAE 解码"节点输出端口的连线，然后添加"全局输入"节点，如图 7-16 所示。

图 7-16

把正向提示词的输出端口连接到"ControlNet 应用"节点，把"ControlNet 应用"的输出端口连接到 BrushNet 节点。将"加载图像"节点的"图像"端口和"MeshGraphormer 深度预处理器"节点的"内补遮罩"端口连接到 BrushNet 节点，如图 7-17 所示。

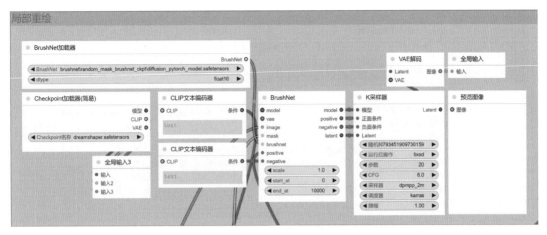

图 7-17

运行工作流，第一次的修复效果如图 7-18 所示。

搜索并添加"图像按系数缩放"节点，把"系数"设置为 2。从新建节点的输出端口创建"VAE 编码"节点，然后继续创建"K采样器""VAE 解码"和"保存图像"节点。在"K 采样器"节点中把"降噪"参数设置为 0.8，如图 7-19 所示。

图 7-18

图 7-19

从"K 采样器"节点的"正面条件"和"负面条件"端口创建"CLIP 文本编码器"节点，输入生成参考图时的提示词，这样可以得到更好的修复效果图，如图 7-20 所示。

201

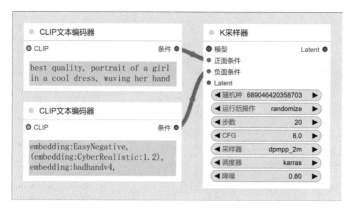

图 7-20

搜索并添加"ControlNet 应用"节点，把"强度"参数设置为 0.6，把节点连接到正向提示词节点和"K 采样器"节点之间。从"ControlNet 应用"节点的 ControlNet 端口创建"ControlNet 加载器"节点，选择 control_v11f1e_sd15_tile 模型。接着，从"图像"端口创建"Tile 平铺预处理器"节点，并将"迭代次数"设置为 1，如图 7-21 所示。

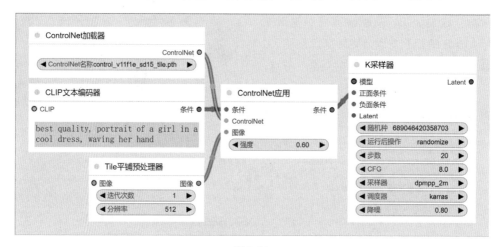

图 7-21

把高清修复节点放到一个分组中，然后创建一个"忽略多组"节点，这样完整的工作流就创建完成了，如图 7-22 所示。

运行工作流后，即可获得非常理想的修复效果图，如图 7-23 所示。

我们更换一张图片，只要手部变形不是特别严重，就能一次性得到完美的修复效果图，如图 7-24 所示。对于手部问题特别严重的情况，我们还可以在"加载图像"窗口中上传修复后的图片，进行第二次修复。

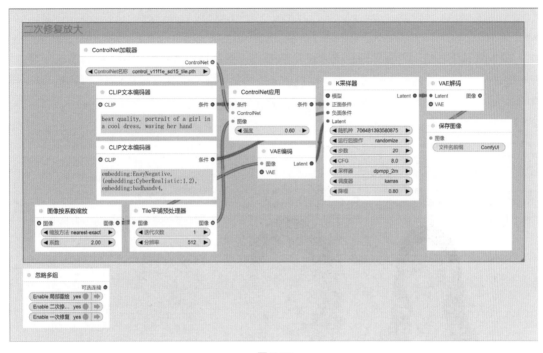

图 7-22

图 7-23

图 7-24

7.3 商务证件照工作流

证件照工作流的核心技术就是换脸。ComfyUI 中，有多种换脸方法，除前面介绍过的 FaceID、InstantID 和 PuLID，还有许多用户喜欢使用 ReActor 换脸。在本例中，我们将使用 FaceID 和 ReActor 共同搭建一个可以任意切换背景颜色的证件照生成工作流。

完成工作流文件	附赠素材/工作流/证件照生成.json

载入默认工作流，首先忽略画布中的所有节点，然后搜索并添加"ReActor 换脸"节点。从新建节点的"目标图像"端口创建"加载图像"节点，载入证件照模板图片。接着，从"源图像"端口创建"加载图像"节点，载入要呈现的人脸图片，如图 7-25 所示。

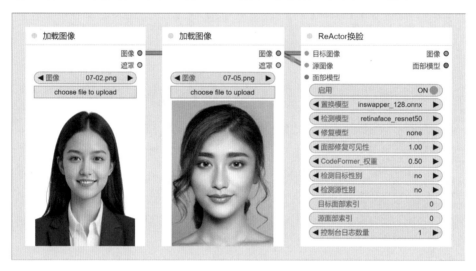

图 7-25

从"ReActor 换脸"节点的"图像"输出端口创建"保存图像"节点。在"ReActor 换脸"节点的"修复模型"菜单中选择 codeformer-v.0.1.0 模型，把"CodeFormer_ 权重"参数设置为 1。运行工作流，仅使用 4 个节点即可实现脸部替换，如图 7-26 所示。

图 7-26

复制两个"加载图像"节点，分别载入不同背景颜色的证件照模板。搜索并添加"图像切换（CR-4 路）"节点，把加载证件照模板图片的节点全部连接到新建的节点。这样，只需在"图像切换（CR-4 路）"节点的"输入"中选择端口 ID，就能控制证件照的背景颜色，如图 7-27 所示。

图 7-27

ReActor 的换脸工作流创建起来非常简单，计算速度也很快，缺点是生成结果比较模糊。虽然换脸的效果不算差，但也未必理想。为了获得更加真实的效果，我们需要使用 FaceID 对当前生成的结果进行二次处理。

在画布的空白处双击，搜索并添加"IPAdapterFaceID 加载器"节点和"应用 IPAdapterFaceID"节点，然后把两个节点的"模型"和 IPAdapter 端口连接起来，如图 7-28 所示。

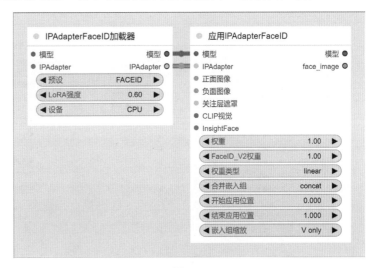

图 7-28

把载入人脸图片的"加载图像"节点连接到"应用IPAdapterFaceID"节点的"正面图像"端口，把"FaceID_V2权重"参数设置为1.5，在"IPAdapterFaceID加载器"节点中把"LoRA强度"设置为1，在"预设"菜单中选择FACEID PLUS V2，如图7-29所示。

取消忽略的所有节点，然后搜索并添加"全局输入3"节点，把"Checkpoint加载器（简易）"的输出端口全部连接到新建的节点，并载入一个写实风格的大模型，如图7-30所示。

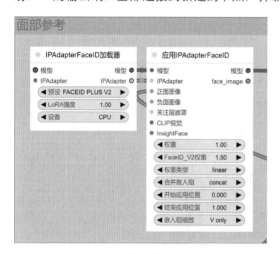

图 7-29

图 7-30

删除"空Latent"节点，从"K采样器"节点的Latent输入端口创建"VAE编码"节点，并将它连接到"ReActor换脸"节点的"图像"输出端口。在"K采样器"节点中把"降噪"参数设置为0.5，如图7-31所示。

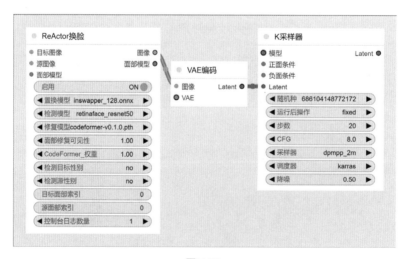

图 7-31

搜索并添加"ControlNet 应用"节点，把"强度"参数设置为 0.2，把该节点连接到正向提示词节点和"K 采样器"节点之间。从"ControlNet 应用"节点的 ControlNet 端口创建"ControlNet 加载器"节点，选择 control_v11f1e_sd15_tile 模型。从"图像"端口创建"Tile 平铺预处理器"节点，把"迭代次数"设置为 1，并将输入端口连接到"ReActor 换脸"节点，如图 7-32 所示。

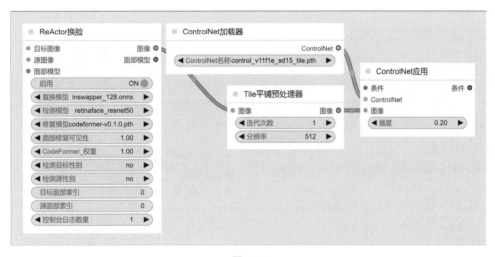

图 7-32

现在运行工作流，经过二次换脸处理后的生成结果如图 7-33 所示。

图 7-33

7.4 一键转绘 3D 形象

在 ComfyUI 的工作流分享网站中，转绘 Q 版或 3D 卡通形象是比较热门的应用。本节将利用 ControlNet 和 FaceID 搭建一个把脸部照片转绘成 3D 卡通形象的工作流。

完成工作流文件	附赠素材/工作流/转绘3D形象.json

形象转绘工作流由三个部分组成：第一个部分使用文生图工作流配合 ControlNet 得到 3D 角色；第二个部分使用 FaceID 给生成的角色换脸；最后一个部分进行高清放大。

首先载入默认工作流，选择一个 3D 风格的 SDXL 大模型。为了加快图片的生成速度，我们可以在"Checkpoint 加载器（简易）"节点上右击，选择"添加 LoRA"命令，然后在新建的节点中选择 sdxl_lightning_8step 模型。接着，搜索并添加"全局输入"节点，将它连接到"Checkpoint 加载器（简易）"节点的 VAE 端口，如图 7-34 所示。

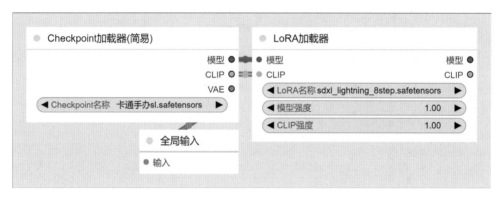

图 7-34

输入正向和反向提示词后，设置生成尺寸。在"K采样器"节点中，把"步数"设置为 10，把 CFG 参数设置为 1。在"采样器"菜单中选择 euler_ancestral 选项，在"调度器"菜单中选择sgm_uniform选项。然后，复制一个"全局输入"节点，并将它连接到"K采样器"节点的 Latent 输出端口，如图 7-35 所示。

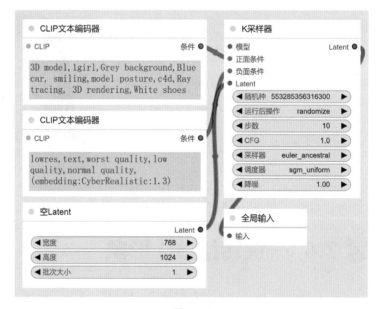

图 7-35

接下来，利用 ControlNet 控制生成结果的角色和构图。在画布的空白处双击，搜索并添加
"ControlNet 应用"节点，将"强度"参数设置为 0.55。然后，从新建节点的"图像"端口
创建"Aux 集成预处理器"节点，在"预处理器"菜单中选择 AnyLineArtPreprocessor_aux
选项，如图 7-36 所示。

图 7-36

继续从"ControlNet 应用"节点的 ControlNet 端口创建"ControlNet 加载器"节点，
并加载 mistoLine_rank256 模型。从"Aux 集成预处理器"节点的输入端口创建"加载图像"
节点，选择一张提前生成的 3D 角色照片，如图 7-37 所示。

图 7-37

复制一个"ControlNet 应用"节点，把"强度"参数设置为 0.8，从复制节点的
ControlNet 端口创建"ControlNet 加载器"节点，并加载 thibaud_xl_openpose_256lora 模型。
搜索并添加"DW 姿态预处理器"节点，将它连接到"加载图像"和"ControlNet 应用"节
点，如图 7-38 所示。

把两个"ControlNet 应用"节点连接起来，把正向提示词的输出端口连接到第二个
"ControlNet 应用"节点的输入端口，把第一个"ControlNet 应用"节点的输出端口连接到
"K 采样器"节点的"正向条件"端口，如图 7-39 所示。

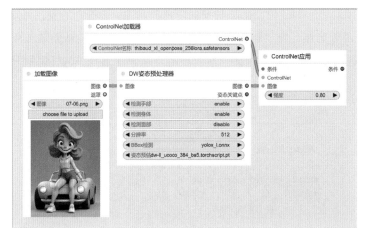

图 7-38

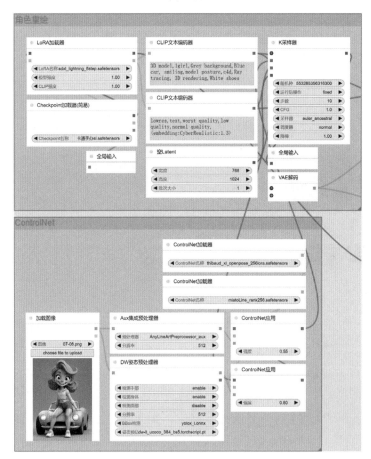

图 7-39

现在开始创建换脸流程，搜索并添加"IPAdapterFaceID 加载器"节点和"应用 IPAdapterFaceID"节点，把两个节点的"模型"和 IPAdapter 端口连接起来。在"应用 IPAdapterFaceID"节点中，把"FaceID_V2权重"参数设置为2.5，并在"IPAdapterFaceID 加载器"节点中把"LoRA 强度"设置为1，在"预设"菜单中选择 FACEID PLUS V2 选项，如图 7-40 所示。

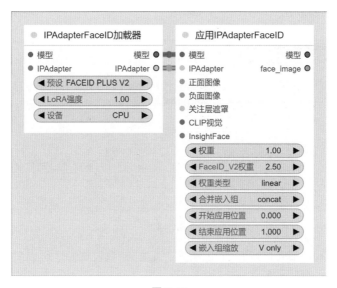

图 7-40

从"应用 IPAdapterFaceID"节点创建"加载图像"节点，加载需要呈现的脸部图片。从"应用 IPAdapterFaceID"节点的"模型"输出端口创建"全局输入"节点。把"LoRA 加载器"节点的"模型"输出端口连接到"IPAdapterFaceID 加载器"节点的输入端口，如图 7-41 所示。

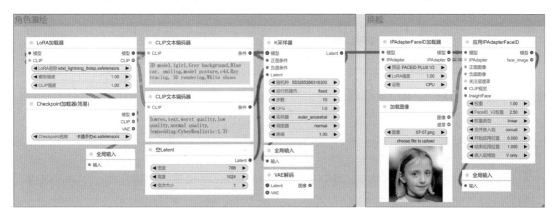

图 7-41

最后，创建高清修复流程。搜索并添加"Latent 按系数缩放""K 采样器"和"VAE 解码"节点，然后把这三个节点连接起来。在"Latent 按系数缩放"节点中把"系数"设置为 2，在"K 采样器"节点中把 CFG 参数设置为 1，在"采样器"菜单中选择 euler_ancestral 选项，在"调度器"菜单中选择 sgm_uniform，把"降噪"参数设置为 0.7，如图 7-42 所示。

图 7-42

搜索并添加"ControlNet 应用"节点，并将"强度"参数设置为 0.6。从"图像"端口创建"Tile 平铺预处理器"节点，并把"迭代次数"设置为 1。从 ControlNet 端口创建"ControlNet 加载器"节点，并选择 TTPLANET_Controlnet_Tile_realistic_v2_fp16 模型，如图 7-43 所示。

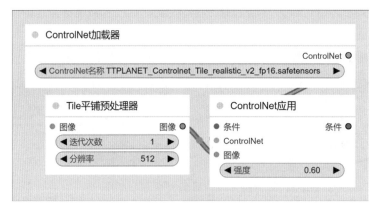

图 7-43

把第一个"VAE 解码"节点的输出端口连接到"Tile 平铺预处理器"节点，把正向提示词节点的输出端口连接到最新创建的"ControlNet 应用"节点，把输出端口连接到第二个"K 采样器"节点，如图 7-44 所示。

图 7-44

至此，工作流搭建完成。运行工作流，生成的结果如图 7-45 所示。

图 7-45

7.5 任意转换对象的材质

本节使用一个名为 ComfyUI-ZeroShot-MTrans 的自定义节点，通过配合 ControlNet 和 IPAdapter 改变图片中任意对象的材质。这个工作流不仅能够修改 AI 生成的图片，还能用于处理照片，具有很高的实用性。

完成工作流文件	附赠素材/工作流/任意修改材质.json

这个工作流的搭建思路其实很简单，就是通过遮罩把需要更换材质的对象分割出来，然后进行局部重绘。首先，载入默认工作流，选择一个写实风格的SDXL大模型，在"Checkpoint加载器"节点上右击，选择"添加LoRA"命令，并在新建的节点中选择Hyper-SDXL-8steps模型。接着，创建"全局输入"节点，并将它连接到"Checkpoint加载器（简易）"节点的VAE端口，如图7-46所示。

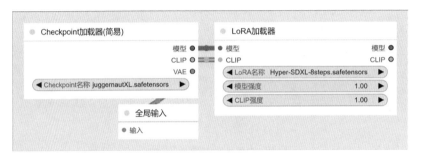

图 7-46

删除"空Latent"节点和所有正向和反向提示词。在"K采样器"节点中，依次把"步数"参数设置为8，把CFG参数设置为1，在"采样器"菜单中选择ddpm选项，在"调度器"菜单中选择simple选项，如图7-47所示。

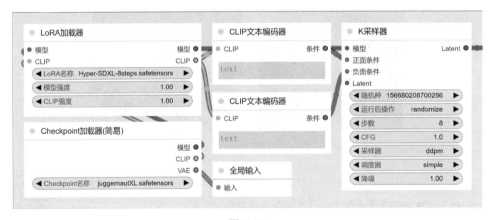

图 7-47

接下来，使用语义分割节点自动提取对象的遮罩。首先，搜索并添加"图像移除背景"节点。从新建节点的输入端口创建"加载图像"节点，载入需要修改材质的图片。然后，从输出端口创建"遮罩扩展"节点，并将"扩展"参数设置为2，如图7-48所示。

图 7-48

　　从"图像移除背景"节点的输入端口创建"移除背景组"节点。从"遮罩扩展"节点的输出端口创建 ZeST: Grayout Subject 节点。把"加载图像"节点的输出端口连接到 ZeST: Grayout Subject 节点。然后，从"图像移除背景"和 ZeST: Grayout Subject 节点的"图像"输出端口创建"预览图像"节点。

　　运行工作流后，可以看到"图像移除背景"节点把图片中的主体对象从背景中分离出来，ZeST: Grayout Subject 节点把分离出来的对象处理成灰度图，并与背景重新拼合，如图 7-49 所示。

图 7-49

搜索并添加"内补模型条件"节点，把新建节点的输出端口全部连接到"K 采样器"节点。把两个提示词节点、"遮罩扩展"节点和 ZeST: Grayout Subject 节点的输出端口连接到"内补模型条件"节点，如图 7-50 所示。

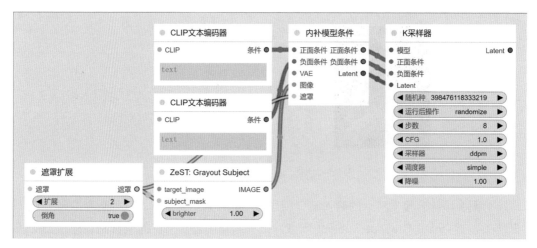

图 7-50

接下来，利用 ControlNet 还原主体对象。搜索并添加"ControlNet 应用"节点，从新建节点的"图像"端口创建"DA 深度预处理器"节点，把"分辨率"参数设置为 1024。从 ControlNet 端口创建"ControlNet 加载器"节点，选择 control-lora-depth-rank256 模型，如图 7-51 所示。

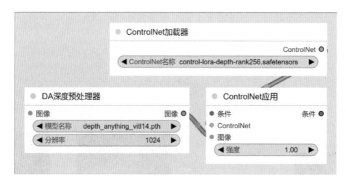

图 7-51

复制"ControlNet 应用"节点，把"强度"参数设置为 0.8。从复制节点的"图像"端口创建"Aux 集成预处理器"节点，在"预处理器"菜单中选择 AnyLineArtPreprocessor_aux 选项，将"分辨率"参数设置为 1280。从 ControlNet 端口创建"ControlNet 加载器"节点，选择 mistoLine_rank256 模型，如图 7-52 所示。

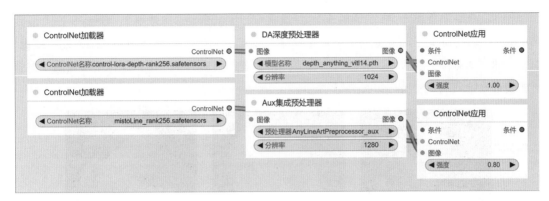

图 7-52

把两个"ControlNet 应用"节点的"条件"端口连接起来，把正向提示词的输出端口连
接到第一个"ControlNet 应用"节点的输入
端口，把第二个"ControlNet 应用"节点的
输出端口连接到"内补模型条件"节点的"正
向条件"端口。

把"加载图像"节点的输出端口连接到
"DA 深度预处理器"和"Aux 集成预处理器"
节点的输入端口。现在运行工作流，就能把
参考图中的主体对象重绘为没有颜色的"白
模"，如图 7-53 所示。

图 7-53

接下来，使用 IPAdapter 给白模重新指定材质。搜索并添加"IPAdapter 加载器"节点，
在"预设"菜单中选择 VIT-G（中强度）（VIT-G（medium strength））选项"。接着，添加"应
用 IPAdapter"节点，在"权重类型"菜单中选择 style transfer 选项。然后，把两个节点的"模
型"和 IPAdapter 端口连接起来，如图 7-54 所示。

图 7-54

把"LoRA 加载器" 节点的输出端口连接到"IPAdapter 加载器" 节点, 把"应用 IPAdapter"节点的输出端口连接到"K 采样器"节点。从"应用 IPAdapter"节点的"图像"端口创建"加载图像"节点,并载入一张图片作为重绘材质的参考图。运行工作流后,陶瓷材质就被重绘成玉石材质,如图 7-55 所示。

原图 　　　　　　　　　　 材质参考图 　　　　　　　　　 生成结果

图 7-55

如果替换材质的对象上有很多细节,需要在连接"Aux 集成预处理器"的"ControlNet 应用"节点中降低"强度"参数,如图 7-56 所示。

原图 　　　　　　　　　　 材质参考图 　　　　　　　　　 生成结果

图 7-56

如果我们只想改变图片中的人物角色,可以在"移除背景组"节点的"模型"菜单中选择 u2net_ human_seg:human segmentation 选项,如图 7-57 所示。

现在,只需上传一张包含人物的图片,然后上传一张材质参考图,即可只修改角色,如图 7-58 所示。

图 7-57

原图

材质参考图

生成结果

图 7-58

局部重绘可能会在对象的轮廓上留下白边等痕迹。我们可以利用 ControlNet 的 Tile 模型配合高清修复流程进行二次处理。从"VAE 解码"节点的输出端口创建"图像按系数缩放"节点，把"系数"设置为 2。接着，创建"VAE 编码"和"K 采样器"节点，如图 7-59 所示。

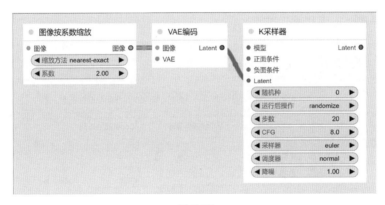

图 7-59

在第二个"K 采样器"节点中，依次把"步数"参数设置为 8，把 CFG 参数设置为 1，把"降噪"参数设置为 0.5。在"采样器"菜单中选择 ddpm 选项，在"调度器"菜单中选择 simple 选项。接下来，从输出端口创建"VAE 解码"和"保存图像"节点，如图 7-60 所示。

图 7-60

搜索和添加"ControlNet 应用"节点，把"强度"参数设置为 0.5。在"图像"端口创建"TTPlanet_TileSimple 平铺预处理器"节点，把"模糊强度"设置为 1。从 ControlNet 端口创建"ControlNet 加载器"节点，选择 TTPLANET_Controlnet_Tile_realistic_v2_fp16 模型，如图 7-61 所示。

图 7-61

把"图像按系数缩放"节点的输出端口连接到"TTPlanet_TileSimple 平铺预处理器"节点，把正向提示词节点的输出端口连接到"ControlNet 应用"节点。然后，把"ControlNet 应用"和反向提示词节点的输出端口连接到第二个"K 采样器"节点，如图 7-62 所示（由于图片较大，此图只截取了一个"K 采样器"节点）。

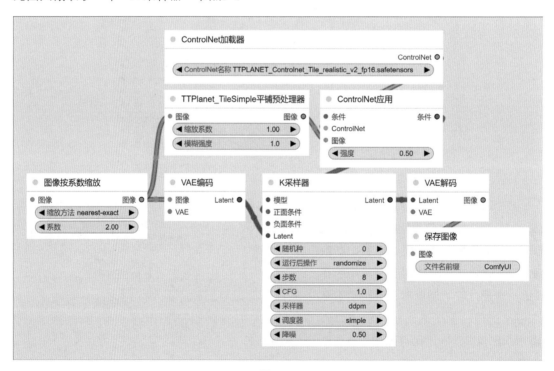

图 7-62

▨ 7.6 电商商品海报工作流

本节综合运用 BrushNet、ControlNet、IC-Light 等自定义节点,搭建商品海报工作流。在这种实际落地的工作流中,最重要的是保证商品的外观和细节保持一致,不应过于追求画面效果。

完成工作流文件	附赠素材/工作流/电商商品海报.json

选择哪个版本的大模型,主要取决于工作流需要使用的主要自定义节点及其生态。IC-Light 是本例的核心功能组件,而改自定义节点还不支持 SDXL,因此我们选择了一个写实风格的 SD 1.5 大模型。

在"Checkpoint 加载器(简易)"节点上右击,选择"添加 LoRA"命令。在新建的节点中加载生成商品背景的 LoRA 模型,并将"模型强度"设置为 0.9。接着,创建"全局输入 3"节点,并将它连接到"Checkpoint 加载器(简易)"节点的 VAE 端口和"LoRA 加载器"节点的"模型"和 CLIP 端口,如图 7-63 所示。

图 7-63

输入所需的背景提示词,在"K 采样器"节点中依次把"步数"设置为 25,把 CFG 参数设置为 8。在"采样器"菜单中选择 dpmpp_2m 选项,在"调度器"菜单中选择 karras 选项。然后,创建"全局提示词"节点,并将它连接到两个提示词节点的输出端口,如图 7-64 所示。

接下来,创建"加载图像"节点,载入商品图片,然后从"图像"端口创建"全局输入"节点。继续创建"图像缩放"节点,依次把"宽度"设置为 768,把"高度"设置为 1024,并在"裁剪"菜单中选择 center 选项。从"图像缩放"节点的输出端口创建"图像移除背景"节点,如图 7-65 所示。

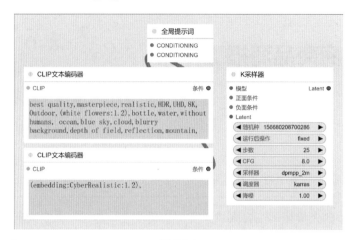

图 7-64

图 7-65

从"图像移除背景"节点的输入端口创建"移除背景组"节点，并从"遮罩"输出端口创建"全局输入"节点，如图 7-66 所示。

图 7-66

　　从"图像移除背景"节点的"图像"输出端口创建"DA 深度预处理器"节点,把 "分辨率"参数设置为 1024,加载 depth_anything_vitb14 模型。从新建节点的输出端口创建"ControlNet 应用"节点。接着,从 ControlNet 端口创建"ControlNet 加载器"节点,加载 depth_anything_vitb14 控制模型,如图 7-67 所示。

图 7-67

　　创建 BrushNet 节点,并把它的所有输出端口连接到"K 采样器"节点。从"遮罩"端口创建"遮罩反转"节点,从 BrushNet 端口创建"BrushNet 加载器"节点,如图 7-68 所示。接着,把"图像移除背景"节点的"图像"输出端口和"ControlNet 应用"节点的输出端口连接到 BrushNet 节点。

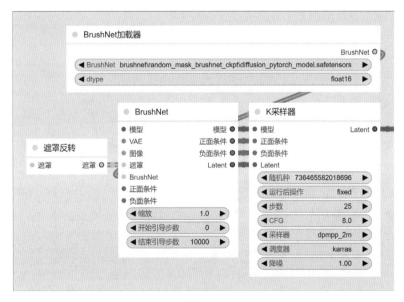

图 7-68

把正向提示词节点的输出端口连接到
"ControlNet 应用"节点的输入端口。运行
工作流后，图片上的主体对象将被提取出来，
然后与生成的背景拼合到一起。得到满意的
效果图后，在"K 采样器"节点中锁定随机
种子，如图 7-69 所示。

接下来，使用 ICLight 给图片重新打光，
以使商品和背景的光影保持一致，并增加商
品的通透感。

图 7-69

从"VAE 解码"节点的输出端口创建"VAE 编码"节点，从新建节点的输出端口创建"应
用 ICLight 条件"节点。接着，从"应用 ICLight 条件"节点的输入端口创建两个"CLIP 文
本编码器"节点，在正向提示词节点中输入所需的灯光类型、方向或颜色，如图 7-70 所示。

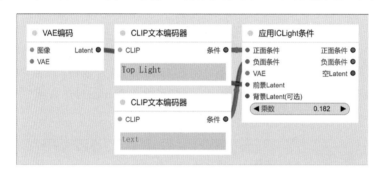

图 7-70

创建"K 采样器"节点，
把"降噪"参数设置为 0.8，
并将它连接到"应用 ICLight
条件"节点的两个条件端口。
从"模型"输入端口创建"加
载 ICLight 模型"节点，从
输出端口创建"VAE 解码"
节点和"保存图像"节点，
如图 7-71 所示。

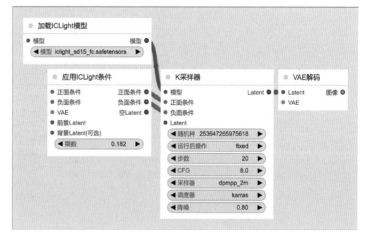

图 7-71

运行工作流时，会发现 IC-Light 在改变光照的同时，也可能导致图片中的文字等细节产生变形。从第二个"VAE 解码"节点的输出端口创建"细节迁移"节点，依次把"模糊Sigma"参数设置为 3，把"混合系数"设置为 0.8。从"细节迁移"节点的输出端口创建"保存图像"节点，如图 7-72 所示。

图 7-72

把"加载图像"节点的"图像"输出端口和"图像移除背景"节点的"遮罩"输出端口连接到"细节迁移"节点。再次运行工作流，图片中的文字细节将得到修复，如图 7-73 所示。

图 7-73

最后，从"细节迁移"节点的输出端口创建"SD放大"节点，并根据需要设置"放大系数"。从新建节点的"放大模型"端口创建"放大模型加载器"节点，如图 7-74 所示。

图 7-74

从"SD 放大"节点的输出端口创建"HDR 特效"节点，然后创建"保存图像"节点，工作流就创建完成了，如图 7-75 所示。

图 7-75

运行工作流，最终的效果如图 7-76 所示。

图 7-76